昭和８年の観艦式。手前に空母「加賀」「鳳翔」、その後方に戦艦「陸奥」「日向」が見える。戦前の威容を誇った連合艦隊は世界三強海軍の主力を担っていた。

同じ観艦式。手前に戦艦「長門」「扶桑」、その後方を供奉艦の重巡が過ぎる。「長門」は連合艦隊旗艦を長く務め、国民に広く親しまれていた。

昭和16年9月、呉工廠で艤装中の戦艦「大和」。僚艦「武蔵」と共に18インチ砲を搭載し、米英の戦艦を凌駕する大艦巨砲主義の極みであった。

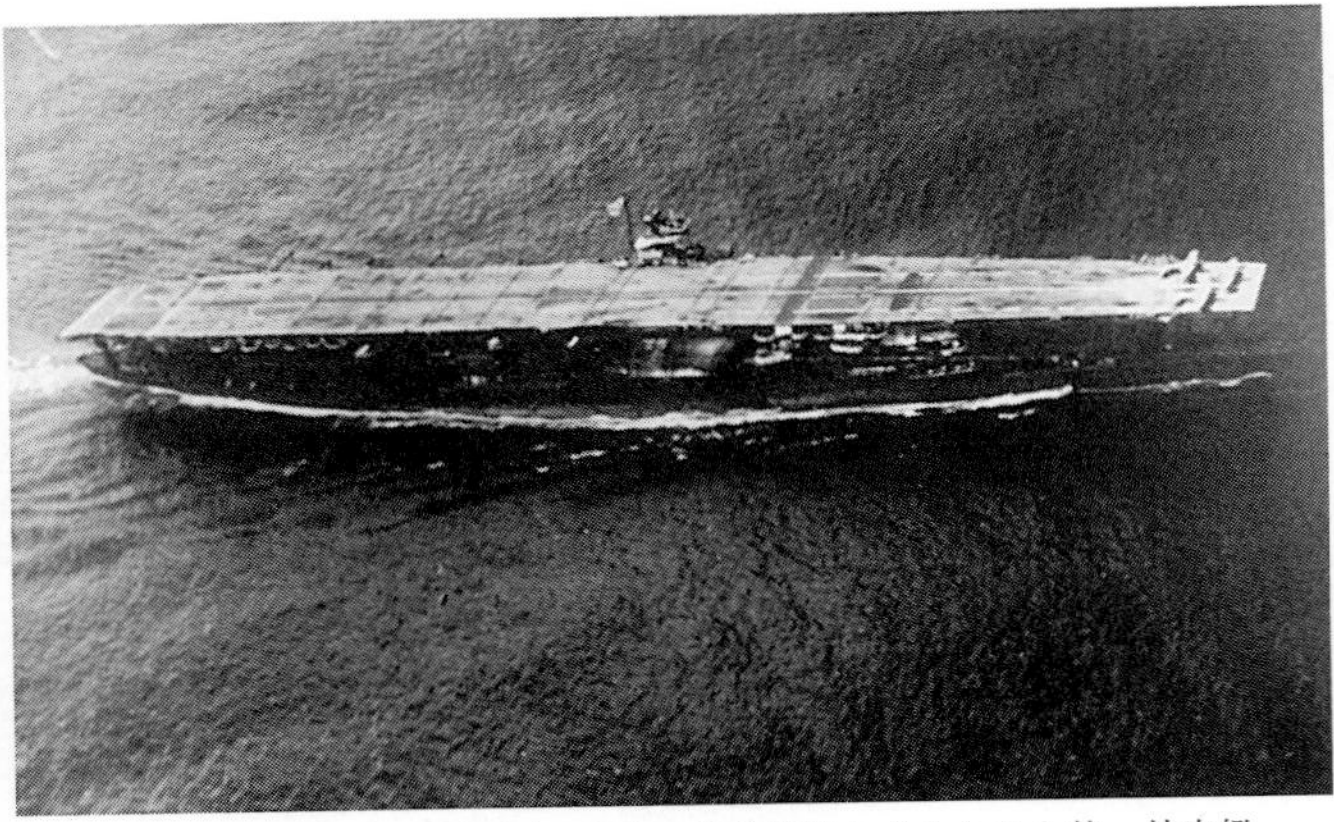

真珠湾作戦中の空母「赤城」。当時、世界最強とうたわれた第一航空艦隊の旗艦として太平洋に君臨した。半年後、ミッドウェーで戦没する。

比島沖海戦で奮戦する「大和」。昭和19年10月24日、シブヤン海で米艦爆により、艦首に爆弾が命中した瞬間。損傷は軽微であったという。

昭和20年５月、呉に近い倉橋島に繋留され砲台となった戦艦「伊勢」。後方に至近弾が水柱をあげている。三度にわたる爆撃で浸水着底した。

昭和20年８月29日、横須賀における「長門」。終戦の日、「長門」は海上に浮かぶ唯一の日本戦艦であった。連合艦隊の栄光を担った艨艟の最後の姿である。

昭和20年10月25日、呉付近で大破着底した「日向」。僚艦「伊勢」と同じく航空戦艦に改装されたが、その任につくことなく終焉の時を迎えた。

NF文庫
ノンフィクション

新装解説版

連合艦隊の栄光

太平洋海戦史

伊藤正徳

潮書房光人新社

本書では太平洋戦争における連合艦隊の主な海戦と日本将兵たちの戦う姿が綴られています。

著者の伊藤正徳は、昭和二十年の敗戦によって消失するまで、日本海軍と深い関係を持っており、海軍に関する専門記者として著名な人物でした。

みずからを〝海軍のフレンド〟と称した著者が万感の思いをこめて連合艦隊の勇姿を描きます。

初版の序

著者伊藤正徳は本書の刊行を待たずに亡くなり、私の序文は思はずも故人を語るものとなつてしまつた。

伊藤は先頃喉頭癌《こうとうがん》を患ひ、人々を深憂させたが、幸ひにもコバルト療法は奏効したもの如く、一時大に軽快となつて愁眉《しゅうび》を開かせた。ところが今年四月に入つて胃部に苦痛を感じ、自ら進んで手術を受けたいといひ五日慶応病院に入院したといふ。私は旅行から帰宅してそのことをきき、翌朝病室を見舞ひ、更に院長に面会して所見を問へば、病は肝臓にあつて楽観をゆるさず、切開手術もすでにその機を失したといふことであつた。洒脱《しゃだつ》淡泊は元来伊藤の本領であるから、病に臥《ふ》しても見舞にいつて話をすれば、何時《いつ》もよく笑つたが、しかし、苦痛と衰弱は蔽《おお》ふべくもなく、見舞のたびにその相貌《そうぼう》に生色の薄すれて行くことを遂に奈何《いかん》ともなし得なかった。さうして二十一日の朝に至り、にはかに容態が変つたといふ。急報をきいて十時すぎ駆けつけたが、間に合はなかつた。

越えて三日、四月二十四日に、青山斎場で葬儀が行はれ、私も旧友の一人として柩《ひつぎ》の前に弔辞を読んだ。家に帰つて産経新聞の夕刊を手にとれば、伊藤が書きのこした「連合艦隊の栄光」は、なほそこに連続されて居り、人をして、耳に亡き人の声をきくかのやうな思ひをなさしめた。そこに伊藤は「世界一の好運艦」駆逐艦雪風のことを語ってゐるのであった。雪風はあの太平洋戦争に於《おい》て、その主要なる作戦の殆《ほとん》ど全部に参加し、常に第一線に戦ひながら八十一隻の僚艦(駆逐艦)みな沈んだその間にあつてたゞひとり、艦も艦長も無事なるを得たといふ、世にも珍しい好運艦なのである。その雪風の最後の任務は、巨艦大和《やまと》の出撃護衛であつた。

海戦四年、昭和二十年四月には、さしものわが連合艦隊の大小の艦艇はすでに次ぎ次ぎに亡びて、巨艦大和は日本にのこるたゞ一隻の戦艦となつてゐた。その七万トンの大和は、四月六日沖縄島を志して特攻作戦に出撃し雪風はその護衛艦の一としてその左側方一五〇〇メートルの海を南下したといふ。大和の出撃は間もなく敵に偵知され、敵飛行機の大群に襲ひかゝられ、さしもの巨艦も爆弾三十余個、魚雷十五発以上を受けて遂に沈んだのである。伊藤はその最後を叙していふ。

「午後二時五十九分、大戦艦大和は四十五度近く傾いて、転覆はもはや寸秒の間と思われるのに、その沈下した艦首方面から、高角砲の火線は織るが如く天に向かって奔《ほとばし》り、一機たりとも多くの仇敵を射止めようとする勇敢なる戦士の奮闘は、僚艦の将兵に無限の感激を与えた。

が、運命ついに到り、爆発の大音響と共に、噴煙は大和の艦橋の五倍の高さに天を染めて巨艦は没した。時に四月七日午後三時、坊ノ岬《みさき》の南方九〇マイルの地点に、世界最大の戦艦は姿を消したのであった」

戦艦大和が比類なき大艦であつたやうに伊藤正徳は、比類なき大海軍記者であつた。その伊藤の生前最後の文が大和の最期を叙するものであつたことは、何か意味あることのやうにも思はれる。伊藤正徳の前に伊藤正徳なく、伊藤の後に伊藤なし。私に不似合な言い方かも知れないが、帝国海軍は伊藤の初恋の対象であり、またその最後の恋人であつた。彼れはさきに連合艦隊の死をなげきとむらふ人もないのを憤り悲みつゝ、「連合艦隊の最後」を書いたが、更に年を経てありし日のことを思へば連合艦隊の栄光をたゝへる一書を著はさずにはゐられなかつたであらう。四十年前彼れの処女作「潜水艇と潜水戦」の読者であつた私は、今伊藤のこの遺著の為め序文を書きつゝ彼れの気持ちを察し得るやうに思ふのである。

昭和三十七年五月二日

小　泉　信　三

連合艦隊の栄光——目次

第三章 残る戦略問題

第四章 海空戦の初勝利（サンタ・クルーズ海戦）

第五章　タサファロンガ海戦の勝利

第六章　米英を三倍抜く

第九章　不眠不休の大活躍

連合艦隊の栄光

第一章　サボ島海戦の完勝

1　軍艦マーチの場合

米国で奇しくも同時出版

世界三強海軍の中に位し、おそらくは実力世界一であったかも知れない日本の連合艦隊は三年九ヵ月にわたる不休の激戦に漸減し、昭和二十年八月には、無残にもゼロにちかい弱体に落ちてしまった。開戦時の連合艦隊は、空母十、戦艦十、巡洋四十一、駆逐百十一、潜水六十四、特務十四、海防四の合計二百五十四隻、百六万七千トンの大勢力であった。空母艦隊は米英を凌《しの》ぎ、戦艦においても「大和」と「武蔵」（七万トン、十八インチ砲）とは米英のそれをはるかに優越していた。

戦争に入ってから三百八十三隻、八十五万八千トンが建造補充されたので、太平洋戦争中に出撃した連合艦隊の総兵力は、六百三十七隻、百九十二万五千トンに達した。ところが百戦効なく、終戦時に残った「作戦可能」の軍艦は、小空母一、戦艦〇、大巡〇、軽巡三、駆逐三十、潜水十二、特務三の合計四十九隻、九万六千トンになり果てた。こんな酷《ひど》い敗戦は世界の歴史にない。その間、元帥二、大将五、中将五十六、少将二百五十二の合計三百十五名の提督が戦死し、海軍の戦死者総数は四十万九千余人に達した。これがまた世界戦史のレコードである。

時代はどう変わろうとも、これらの人と艦とを弔うことは民族の当然の心構えでなければならない、と私は考えた。それはまた、わが国の歴史の中の超ドラマチックな一章でもあると信じた。が、敗戦後の精神混乱と再興への苦労焦躁は、弔辞を聴く耳の余裕なぞを持たなかったし、十ヵ年は夢のように過ぎてしまった。十年一と昔。いささか落ちついた世間を見て、私は連合艦隊の最後を弔う一文を『時事新報』(いまは休刊)に書いた。筆者の歓びは、連合艦隊に対する国民の郷愁が、敗戦混乱のヴェールの下で、静かに眠って活きていたのを発見したことだ。

昭和三十年夏、『時事新報』の部数は急増した。後に一冊の本に纒《まと》めると、それはいまだに版を重ねている。弔詞は会葬者にあまねく届いたようである。

しかしながら、弔うという心操をもって書いた戦記であるから、記録が敗戦の方に傾いたことはやむをえなかった。勝って、酔って、大騒ぎをする場面の描写は、自然と影をひそめることになった。ところが、勝って、軍艦マーチを高唱乱舞した海戦も、三年半の間には幾つか拾い上げることができるのだ。そうだ、それを拾ってみよう。そうしなければ、連合艦隊の戦記は完全なものとはならないから。

時しもアメリカでは、お葬《とむら》いの海戦記が新しく出版された(昭和三十六年十月)。題して「サボ」という。ガダルカナル島の北側にあるサボ島のことで、内容は、アメリカの巡洋艦隊が、十七年八月九日、そこで日本の艦隊に撃滅された敗戦の跡を弔った本である。
本の副題は、「ガダルカナル沖における米海軍の信じ得ない敗退」と言い、内容は、そこで沈められた大型巡洋艦四隻の苦戦の有様を克明に描写し、正直に大敗北の跡をかえりみつつ戦死将兵の霊を弔ったものである。（注、本の題名“SAVO”の副タイトルは“The Incredible Naval Debacle off Guadalcanal”という）

ちょうどそのとき、私は本編第一章の「サボ島海戦記」をほとんど書き終わっていたので奇縁に驚いた。同じ時に、同じ海戦記事を、東と西で、同じ職業の老記者が書いたのはおもしろい（サボ島海戦の著者は、AP通信社の戦時特派員であったリチャード・ニューコンム氏）。

ただ異なるところは、先方が弔文を読むのに対し、当方は祝い酒で謳《うた》おうとする点だ。これは対抗意識に発したものではなく、まったく偶然の出会いであった。

戦後アメリカの海戦記は、勝利国の当然として、景気のいいものが大部分であり、あたかも日露戦争後の日本のようであった。海軍の機関誌は、サボ島沖敗戦の原因を検討して後の教訓に残すことを幾回も試みたけれども、一般国民の耳にはいるものはなかった。それを詳細に紹介し、アメリカ海軍も、こんなに酷い負け方をしたという史実を語ったのは、今度のニューコンム氏がはじめてである。

本文はその逆に、連合艦隊にも、こんな痛快な勝ち方をしたことがあるという史実を、正確に国民の胸に伝えようとするもので、いささか派手に響くが「栄光」の題名を付することにした。

2　後半に逆転の憂き目

日本海軍にも幾多の美技

ふたたび言う、いかに負け惜しみをいっても、六百三十七隻の軍艦が四十九隻しか残らなかったのだから、完敗という文字以外にそれを説明する言葉はない。かえりみるに、連合艦隊は「無敵艦隊」の名で国民に謳われ、親しまれ、ほとんど絶対の信頼を負うて太平洋の海に浮かんでいた。「無敵艦隊」はもちろん形容詞ではあったが、事実、敵がわが内南洋を侵して来る場合には、その海面における攻勢防御《ぼうぎょ》の戦略の下に、それを「撃滅」するだけの自信を持っていた。

国民所得不相応の建艦費が投じられ、最高記録は、大正十一年の予算で海軍費が総歳出の三十パーセント近くを占めたほどだ（ワシントン軍縮協定で改訂されたが）。苦心を積んで一流の軍艦が造られ、そうして世界一の猛訓練が休みなくつづけられていった。戦艦十、空母十、大巡十六、軽巡二十五、駆逐百十一、潜水六十四というきわめて「均勢」のとれた大海軍が日本の海を護っていた。英米の軍事評論家は筆をそろえて、"The most well-balanced navy in the world"（世界一均勢のとれた海軍）と書いていた。

日本海軍の自惚《うぬぼ》れではなく、この均勢ある大艦隊を、日本の近海で討ち負かすことができようとは、いかなる米英の提督たちでも考えおよばなかったのである。すなわち自他ともに許した強大なるわが連合艦隊であった。それが、敗戦の幕をあけて見ると、ほとんど残っていなかったという酷い負け方は、いったい何に原因したのか、自ら疑いたいほどである。

一言もって掩《おお》えば、「三ヵ年半の間に使い果たしてしまった」もので、日本の海軍も、日本の国力以外のものではないという証明に帰するのであるが、それなら、無敵の名を負うた連合艦隊は、むざむざとシャットアウト、すなわち零敗を喫したのであろうか。

敗戦後の国民は、この大艦隊の完敗に驚いて、反動的に十対〇の惨敗を嘆じたようであったが、事実はけっしてそうではない。野球試合にたとえれば、十対五ぐらいのスコアをもって敗れたのであった。撃沈の実数について証すれば左上のとおりである（完全撃沈数）。

すなわち、ほぼ十対五のスコアで、ひどく醜い敗形ではない。日本はこのほかに二百隻前後が大破されて作戦不能となったのに反し、米英側の大破損艦数十隻は修理されて復帰した（たとえば真珠湾で着底した戦艦四隻の再起）ことを付言しておく。

	日本側	米英側
戦艦	八	四
空母	一九	一〇
巡洋	三六	一五
駆逐	一三三	六五
潜水	一三一	五七
特務	八三	三六
計	四一〇	一八七

真珠湾の奇襲戦勝については本文では取り上げない。米国ではそれをプレー・ボール以前の打撃と考えているし、事実また宣戦前に寝込みを襲ったもので、正式に軍配を挙げるにはいささか問題が残るからだ。ただ、そこにいたるまでの航空戦の訓練と優れた技術、適切な兵器、機密保持、みごとな洋上補給、急速収容と完全離脱等々の連合艦隊最盛期の姿をかえりみるだけでいい。日米海戦は、その翌日からはじまって三年九ヵ月もつづいたわけであるが、その期間においても、連合艦隊にふさわしい立派な海戦は幾回も戦われ

ているのである。

日本は前半に三点を取ってしまって意気すこぶる軒昂《けんこう》、連勝に気が傲《おご》り、ミッドウェーの失敗を演じて同点に漕《こ》ぎつけられてからは気勢が漸衰し、後半二点をとったが七点を追加されて逆転の憂き目をみたわけであるが、それまでに何回かのファイン・プレーを見せて観衆を唸《うな》らせたことがある。本稿はそのファイン・プレー、また、試合に付きもののラック（運）を背景として、今日までの海戦記に隠れがちであった幾つかの話題を拾って『連合艦隊の最後』を完全に補おうとするものである。その第一稿に書かなければならないのは、日本の第八艦隊による世界的ファイン・プレーである。国民はこれによって日本海軍を公平に見なおす最良の資材を得られると思うからである。

3　三十三分で敵艦隊を撃滅

サボ島海戦の完全勝利

「米国の海軍がこうむった最悪の敗戦」"The worst defeat ever inflicted on the United States Navy"と、アメリカ海軍の公認戦史が率直に述べている大敗戦は、昭和十七年八月九日、ガダルカナル沖サボ島の周辺において生起した。日本ではこれを「第一次ソロモン海戦」と呼称し、米国では「サボ島海戦」と名づけ、世界の戦史も後者に従っている。

将来、だれかによって権威のある「世界海戦史」が綴られる場合、太平洋戦争中の幾十の海戦から半ダースは選出されるであろうその中に、この一戦――サボ島海戦――は、かならず幾ページかを占めねばならないものと信じられる。「アメリカの海戦史上最悪の敗戦」と自称する一事から見ても、世界戦史はそれを逸することはできないと思われるからだ。

「アメリカ海軍の歴史的敗北」と言う以上は、それを裏から見て「日本海軍の完全勝利」という表現が無条件に成立するはず。そうだ、この一戦こそはまさに「十対〇」で米艦隊を破り、わが投手は「完全試合」を成し遂げた記録であった。しかも敵艦隊の大部分（大巡四隻撃沈、大巡一隻大破）を撃滅するのに、わずかに「三十三分しかかからなかった」という短節急襲の世界記録をも保持しているのだ。

「三十三分間で敵艦隊撃滅」という世界記録のほかに、それが真っ暗闇の海面で戦われたという記録も世界的なものである。水雷艇や駆逐艦の夜襲は、日清戦争の威海衛戦にも、日露戦争の旅順口戦にもあったし、また世界の海戦史にも幾つかある。が、一大艦隊が真の闇夜に未知の海面に殺到して夜討ちをかけて完勝を遂げた戦史は世界にない。

こういう意味からも、読者は、日本の海軍が遂げた記録の跡を正確に知っておいていい。

そこには教訓があり、誇りがあり、また真実のおもしろさがある。

そこにはまた、当時の日本国民の魂があり、海軍将兵の不屈の闘志があり、夜戦の確信があって、連合艦隊の精髄をえがくのに最適の素材がそろっている。その意味からも詳述に値する海戦なのであるが、わが国には、まだ完全なるサボ島海戦の記録がない。のみならず、この一戦は、ガダルカナル戦を米軍予定計画の二週間から六ヵ月に延長し、それを日米の「第一次決戦」まで発展させた契機をもつくっているのだ。　帝国陸軍がはじめて敗退したガ島戦。その間、大小九回の海戦が反覆されたソロモン制海戦。わが海空軍を大半消耗させた南太平洋の空中戦。みなその源を、サボ島海戦に発しているとも言えるのだ。だから、それは日本の大切な戦史一冊を構成すると言っても誇張ではなく、なにはともあれ、記憶しておかねばならぬ一戦だったのである。

前にも一言したように、アメリカは、この一戦を、公式あるいは非公式に何回も取り上げて将兵の記憶を新たにすることを忘れない。一九五七年十二月号のネーバル・インスチチュート・プロシージング誌（米海軍の機関誌として有名だ）が、当時のわが作戦主任中佐大前敏一の実感と記録とを詳細に掲げているのも顕例の一つである。

日本では、作家丹羽文雄氏が、当時戦時特派員として旗艦「鳥海」に乗りこみ、司令塔付近からつぶさに大夜戦を観戦した印象を、一冊の著書『海戦』におさめている。実感のこもった好読物であるが、それは飽くまで作家の壇場における描写であって、戦史のために書いたものではない（昭和十八年作）。作戦の記録としては、ほかに二、三の軍事雑誌がそれを掲げたことはあるが、多くは断片的で、サボ島海戦が太平洋戦争の上に占める地位に関しては完全な記述と称しがたい。

もしその一戦がなかったら、ガダルカナル戦争（昭和十七年八月――十八年二月）は、はるか早期に米軍の勝利に落着し、ガ島を本拠地としてソロモン群島をラバウルまで北進するアメリカの作戦計画は、少なくとも二倍の速度をもって進捗していたことであろう。アメリカはここで大きく蹟《つまず》き、九月末には大統領ルーズベルトが、米軍のガ島撤退について最高顧問たちに諮問するまでに苦悶したほどであった。みなサボ島の一戦から湧き起こった戦争の波瀾であって、本戦は、こうした見地からも深い観察を必要とするものである。

4　三島嶼の占領めざす

陸海空の三軍ラバウルに布陣

緒戦連勝と同時に、日本海軍の内部は、豪州を占領することに一致した。そのオーストラリア攻略案が大本営の議に正式に上程されたのは、昭和十七年一月であった。今日から考えれば信じ難い大野望も、当時は真剣なる戦略協議の題目となって、論争じつに五十日におよんだのである。

米国太平洋艦隊の主力は真珠湾に潰《つい》え、英国の東洋艦隊はマレー沖に亡び、米英蘭の連合部隊はジャワで撃滅され、開戦三ヵ月を経ない間に、太平洋上敵影寥々《りょうりょう》、わが連合艦隊がオーストラリアに直航するのに、何の妨げもない情勢となった。軍事弱体の豪州は難なく取れるであろう。取ったら戦争の前途はしめたものだ。少なくとも日本の不敗は保証される。海軍は、永野総長以下躍起となってこれを説いた。

ところが、陸軍の反対はおなじように強烈であった。海軍は、軍艦を持って行けばすむように思うが、豪州という大陸を占領して維持するには最低十二師団を必要とし、その輸送船舶は少なくとも百五万トンを欠くことはできない。それは余りに無謀だというので海軍側も遠慮し、三月になってようやく妥協が成り、その代わりにニューカレドニア、フィージー、サモアの三島嶼《さんとうしょ》を奪って、米豪の連絡を遮断することになった。そうして作戦名「F・S作戦」と称した。

ニューギニアの南端に在って豪州に面する良港ポートモレスビーを攻略し、さらに前記の三島嶼を占領してしまえば、豪州は孤立無援、戦略的にみればそれを占領したのに等しい。陸軍は三島嶼の占領だけなら簡単と考え、各島に一個旅団ずつを派遣することになって、さっそくに準備につき、各兵団（第十七軍管下）は五月末には所定の地点に集結を開始した（ガ島戦で有名になった川口旅団はその一つであった）。海軍の方はこの目的のために一個の艦隊を編成し、呉軍港において作戦を研究しながら出征の日を待つことになった。中将三川軍一を司令長官とする「第八艦隊」がそれであった。

第八艦隊は、大巡「鳥海」を旗艦とし、大巡「加古」「古鷹」「青葉」「衣笠」、軽巡「夕張」「天龍」「龍田」、特務艦「宗谷」、駆逐艦四隻から成り、呉に在泊中は作戦の前途に大なる期待をかけ、たとえば、ニューカレドニアにおけるニッケル鉱の開発、良港ヌーメアに潜水艦基地を設けて米豪の海上交通を撃砕すること等々に、楽しい夢を描いていた。ところが、ミッドウェー作戦のために計画が延期され、さらにその敗戦のために完全中止と決定され、新艦隊は別の使命をになうことになった。すなわち、ラバウルを中心とする南太平洋の戦勢はだんだんと劇《はげ》しさを増すことが予想されたので、従来の第四艦隊（井上成美中将）の担当海面を折半し、外南洋方面の「赤道以南東経一四一度以東」の作戦を新しい第八艦隊に受け持たせることになった。

三川中将の第八艦隊がラバウル（南方の第一線基地）に到着したのは、十七年七月二十九日であった。途中トラックの連合艦隊本拠地に山本五十六長官を訪うた三川は、駆逐艦四隻の不足を訴えたが、すでに戦争海域の拡大によって駆逐艦の配当が限界に来ていることを示され、あえて不平も言わずに任地に急航した。

大巡（八インチ砲）五隻、軽巡三隻という巡洋艦隊は相当の「艦隊」である。駆逐艦はバランスとして八隻欲しいところだが、ない袖はふれず、四隻にしても、全艦が三十ノットで快走し得る艦隊は、世界のどこへ出しても立派な戦略単位と称し得るものであった。

艦隊がラバウルに着いたときは、そこはすでに敵の超重爆B17の空襲圏内にあった。頻度はまだ少なかったが、ミッドウェーの戦訓もあったので、三川は主力となる大巡四隻（第六戦隊。「青葉」「衣笠」「加古」「古鷹」、司令官少将五藤存知）を隣島ニューアイルランド北端のカビエン要港に常泊させ、みずからは残艦数隻を率いてラバウルの本営に常在することにした。

そこには、陸軍第十七軍（中将百武晴吉）――モレスビー戦およびF・S作戦を遂行するための部隊――の本営と、海軍第十一航空艦隊（中将塚原二四三）の先鋒、第二十五航空戦隊（少将山田定義）とが駐屯していた。航空艦隊の本拠はテニアン島にあったが、その有力な先鋒はすでに進出ずみであり、とにかく陸・海・空の三軍が有力なる陣をラバウルに布《し》くことは確定方針であった。だが、艦隊の到着後、十日ばかりの後に、ガダルカナルの第一戦が勃発しようとは、三川たちの夢想だにしなかったところである。

5　米軍、突如ガ島に上陸
東京は初め事態を軽視した

わが大本営は、昭和十七年三月七日の敵情判断において、「アメリカの日本に対する本格的反攻の開始は昭和十八年以降なるべし」と結論し、大規模の反撃はその後半になるだろうと観測した。米英が蒙った海軍力の打撃と、その本来の陸軍力とから計算すれば、かならずしも楽観に失する非常識な判断でもなかったろう。

ただ、彼らはアメリカ魂を軽く見ていた。またその戦力拡張の大生産力を割引していた。

アメリカが対日反攻作戦を議定したのは、じつに、わが大本営が前記の敵情判断を下した日よりも、一カ月も前（十七年二月上旬）であり、すなわち軍令部長キング元帥は、参謀総長マーシャル元帥に書を送り（二月十日）、その中で、「対日反攻の基地としてフロリダ島（ガダルカナル島の対岸）の要港ツラギを絶対に占領確保する必要」を述べ（注、ツラギ占領理由の第一は、米豪の生命線を保護する城塞、第二はラバウル奪還の本拠地、第三は日本軍のこれ以上の南進阻止の基点とするにあった）、マーシャルの賛同を得て、これを大統領に提示し（三月二日）、裁可を得て、ただちに海兵第一師団のニュージーランド向け出航を手配したのであった（三月末日）。すなわちアメリカの対日反攻は、日本の予想より少なくも一ヵ年早く実行に着手していたのであった。

ヴァンデグリフト中将を長とする海兵第一師団（一万六千名）は、三月末日から逐次サンディエゴの基地を発し、五月三十日には、ニュージーランドの首都ウェリントンに集結を終わっていた。この第一次対日反攻は「望楼作戦」――“Operation Watch-tower”――と呼ばれ、指揮は海軍中将ゴームリーの下におかれ（南東太平洋方面司令長官。マックアーサー大将は南西太平洋方面長官）、水陸両用作戦部隊長官ターナー提督が直接の指揮に当たり（巡洋艦八、駆逐艦十二、輸送船三十五）、その上に、海上掩護《えんご》部隊としてフレッチャー中将の機動部隊（空母サラトガ、ワスプ、エンタープライズ、戦艦ノースカロライナ、大巡五、軽巡三、駆逐十二）が動員されていた。

堂々たる遠征軍であって、日本の第一線基地部隊は、逆さになっても追いつけない戦力であった。作戦開始令は、七月二日に発令され、まずニューカレドニア島のヌーメア港に集結し、八月七日、ソロモン群島の南端に到着し、主力一万一千名はガダルカナル島のルンガ岬に上陸し、支隊は対岸フロリダ島のツラギ港に進入したのであった。本来は全軍ツラギに殺到するはずであったが、七月中旬、日本がガダルカナル島に飛行場を建設中なのを発見し、作戦目標を二分して同時侵攻を企てたものである。日本の守備隊――いずれも海軍の陸戦部隊で、その数三百から五百に満たなかった――は、猫がライオンに対するように圧倒されてしまった。

米軍上陸の無線電報はただちにラバウルに、そうして東京に届いた。が、両者とも第一報を手にしたときは、例の「偵察上陸」で、一両日したら自分で撤退するだろうくらいにタカをくっていた。二ヵ月ほど前に、米軍の一部隊は潜水艦でマキン、タラワの両島（ギルバート群島）に上陸し、一日で引き揚げてしまった例があるので、今回のルンガ岬およびツラギ来襲もその類《たぐ》いであろうと軽視したのであった。

現に軍令部総長永野修身大将は、日光御用邸に避暑中の陛下に拝謁し（陛下は米軍上陸の報を耳にされて東京帰還を申し出られた）、

「米軍の上陸はいわゆる偵察上陸の範囲と考えられ、海軍の陸戦隊だけでも撃退し得ると信じます。ただ放っておくと敵が固まる危険がありますから、至急奪還の作戦を行ないます。御安心の上御逗留《ごとうりゅう》を願います」と言上したほどであった。楽観と確信の色が面に溢《あふ》れ、陛下も疑念を消されて夏期の休養を日光につづけられた。

それなら現地はどうであったか。第一報に面しては、東京と同じようにマキン・タラワ式の些事《さじ》であろうと笑ったが、ついで来った第二報に、敵の勢力強大、われ書類を焼却して最後の一兵まで抗戦す、貴軍の武運長久を祈る、という袂別《べいべつ》電報を読むにいたって、にわかに緊張した。が、それでも奪還の自信については、永野の上奏と大きい違いはなかった。

6　得意の夜襲作戦へ

大巡五隻を主力とする三川艦隊

これより先、中将三川軍一は、着任の挨拶かたがた今後の作戦打ち合わせのため、第十七軍司令部に中将百武晴吉を訪ねた（七月三十一日）。

その席上で、百武の陸軍の幕僚たちが語った戦局観は三川の胸に深い印象を刻み込んだ。

昭和17年８月８日の第一次ソロモン海戦で圧倒的な勝利を収めた三川艦隊の旗艦重巡「鳥海」――後に敵泊地への攻撃不徹底が問題となる。

上空から見たガダルカナル島。手前に日米両軍の激戦場となったクルツ岬がつき出している。

８月８日の夜戦で、主役となった重巡「青葉」「衣笠」「古鷹」（手前より）。

昭和17年10月26日、日本軍の雷爆同時攻撃をうける空母ホーネット。
大破した同艦は海上に放置され、日本の駆逐艦の雷撃で沈められた。

ミッドウェーの戦訓によって可燃物の除去につとめたため、南太平洋
海戦では空母の損失はなかった。写真は中破した「翔鶴」の飛行甲板。

開戦以来、ソロモンからマリアナ、レイテ、「大和」特攻まで戦い抜き
終戦時も健在だった駆逐艦「雪風」——史上第一番の幸運艦とされる。

第三次ソロモン海戦で日本は初めて
戦艦を失った。写真はその「比叡」。

米軍に占領された直後のガダル
カナル島飛行場。のちに拡張さ
れてヘンダーソン基地となり、
日米攻防戦の表舞台となった。

性能面で欧米をはるかに凌いだ日本海軍の酸素魚雷。写真上は技術研究所で行なわれた発射テスト。下は九七艦攻に吊り下げられた航空魚雷。

写真提供／雑誌「丸」編集部

主力決戦に先立ち、敵艦に雷撃をかける目的で考案された二人乗りの超小型潜水艦「甲標的」——実戦参加は開戦劈頭の真珠湾攻撃だった。

それは、当時の陸軍首脳部の戦争観およびアメリカ観を代弁したもので、大要はつぎのようなものであった。

「われわれはアメリカの陸兵がこの方面に現われることを一日千秋の思いで待っている。それが早ければ早いだけ、戦争の片づく日が早く来るわけだからだ。豪州兵などはいくらたたいても戦争の大局には直接ひびかない。ところが、アメリカの陸軍に痛撃をあたえて、これはとうてい勝ち味がないということをわからせれば、それが戦争終結の近道になる。わが軍が陸戦で彼を粉砕し得ることは太鼓判である。その意味でニューギニアの戦争が待ち遠しいわけだ。戦局収拾を速やからしめるため、お互いの使命はまことに重大である云々《うんぬん》」

というのであった。

南太平洋方面で日米の陸軍が対戦すれば日本軍の完勝に帰するという前提は小揺るぎもしない。三川は、米国の陸軍が強いという話はかつて聞いたこともないし、また強いと想像する理由もないので、百武が日米陸軍は勝負にならぬという自信満々の話に、大いに意を強くし、米陸軍の一日も早く進攻して来るのを待っていたのである。

そこへ待望のアメリカ陸軍がやって来た。八月七日正午ごろになって、敵の護送艦隊は、空母二、戦艦一、巡洋三、駆逐十二から成り、輸送船団は三十隻内外であることがわかったので、米軍の侵攻は、偵察上陸ではなくて本格的反攻の第一歩であることが判断された。そこでただちに海上作戦の協議に入ると同時に、第十七軍司令部に連絡して陸上作戦の考慮を求めた。陸軍の返事はつぎのようなものであった。

「陸軍が小部隊を送れば彼を追い払うことは易々たる業であるが、現在ラバウルにある部隊はモレスビー作戦のためのものであって（南海支隊の残部）、第十七軍だけで勝手に他の戦場に動かすわけにはいかない。大本営にはすぐ連絡をとるが、差し当たり海軍の陸戦隊で十分ではないのか」

海軍側は、それで納得し、ただちに在ラバウルの陸戦隊――佐世保第五特別陸戦隊――および第八十一警備隊から兵をかき集め、陸戦隊三百十名、付属隊百名を遠藤大尉の指揮に属し、運送船明陽丸に搭載、特務艦「宗谷」（過般南極観測用）および敷設艦「津軽」に護送させて一路ガダルカナル島に急航させた。第八艦隊の主力は海上掃蕩戦《そうとうせん》のために別航路を南下中であったが、明陽丸は七日夜、米国の潜水艦S三八号に雷撃されて轟沈《ごうちん》、陸戦隊は全滅の厄に遭《あ》った。

そのとき南下中の三川艦隊の戦闘が本文の主題であるが、その作戦（夜襲）決行までには、すでに幾つかの興味ある物語が積まれてあるのだ。まず作戦そのものから述べよう。

第八艦隊のこの日の作戦は、八月八日の夜半にサボ島海峡に進入し、ルンガ岬およびツラギ港を警戒中の敵艦隊に夜討ちをかけ、あわせて輸送船団を葬り、もって日本海軍得意の夜戦をお目にかけようとするにあった。具体的に言えば、深夜まずガダルカナル島の東側海上から潜入してその方面の警戒部隊を討ち、サボ島の南方を回ってツラギ方面に出で、それらの海域を哨戒中の敵を奇襲して、夜の明けない前に引き揚げるというのであった。敵の兵力は、わが二十五航空戦隊の偵察攻撃によって（注、第二十五航空戦隊は海軍の南方第一線部隊で、一式陸攻三十二、零戦三十四、九九式爆撃機十六、九八式偵察機一、水上機五という勢力で、八月七日からすでに攻撃を開始していた）、大略明白となり、大型巡洋艦六ないし七、軽巡四、駆逐艦十が巡航中であり、空母の姿は見えないという情報であった(近海にあることは想像されたが)。

そこで三川は、高速大巡だけを率い(五隻)、闇夜に神速なる機動を行なって、ガダルカナル島の周辺海上から敵の艦船を一掃してやろうという希望に燃え立ったのである。

7　艦隊夜襲の大冒険

黙認された第八艦隊の作戦

これはわが海軍の水上部隊が敢行するおそらく最大の冒険作戦であろう。しかもこれを計画するに多くの迷いもなく、八月七日午前に米軍上陸の報を受けて正午には議を決し、午後には艦隊をラバウルに集結し、夕刻出撃という神速ぶりである。

計画決定と同時に、三川中将はトラックの山本司令長官に許可を求め、また東京の大本営にも申請した。大本営海軍部は、これを周章に過ぎて危険であると見た。ミッドウェー敗戦のショックがまだ生々しかった大本営では、この冒険を中止させようとする説が大多数を占め、危うく葬られそうになった。

大冒険であることは、一目瞭然《いちもくりょうぜん》であった。第一に、ガダルカナル周辺の海上兵力では、アメリカの方が強大である。とくに彼は空母を持ち、われは持たない。第二に、第八艦隊の各艦は、まだ一度もその海面を航海した経験がない。第三に、戦場は本拠地ラバウルから一千キロも離れている。第四に、完全なる海図がない。第五に、それが大艦隊の夜襲であることだ。およそ夜襲の第一要訣は戦場の地形を熟知していることで、海戦と陸戦ではその所要の度合いは違うけれども、ぜんぜん未知の海峡を突破して戦うことは航行自体に無理がある。ガ島も、サボ島も見たことのない艦隊が、暗礁の有無も、海の深度も知らずに夜間に突っ込むというのは、どう考えても無理である。

第六の無理はさらに大きい。それは第八艦隊が、編成後まだ一回も艦隊運動をしたことのない一事だ。烏合《うごう》の衆とは言わないまでも、寄せあつめの初顔の集団である。もちろん、主力第六巡洋戦隊の四隻——「加古」「古鷹」「青葉」「衣笠」の大巡——と第十八戦隊の二隻——「天龍」「夕張」の軽巡——は昨日まで井上中将の南洋部隊（第四艦隊）に属していた一群であったが、それと旗艦「鳥海」とが初顔合わせであるところに難点があった。「鳥海」は小沢治三郎中将（マレー部隊）の旗艦でシンガポール方面にあったもの。長官三川軍一は、真珠湾攻撃に、戦艦「比叡」「霧島」、大巡「利根」「筑摩」を指揮して帰り（支援部隊司令官）、新たに第八艦隊を率いることになったもの。この新旗艦と主力戦隊とが新世帯を組んでまだ一回の艦隊運動も行なっていないのは、いわば家庭を成していないのに等しい。艦も人間も、まったくの寄り合い、それがもっともむずかしい暗夜の艦隊戦闘をやろうというのだから、演習でさえ成否を気づかわれる冒険だ。永野総長以下多数がこれを制止しようと直感したのは、常識上当然であった。

しかるに少数の幕僚は許可論を疾呼してやまなかった。曰《いわ》く、「ミッドウェー戦以後連合艦隊は少しく悄《しょ》げている。この時に当たり、三川艦隊の出撃計画は、帝国海軍最高の伝統である攻撃精神を復興する意味において最も尊重されるべきではないか」と。この議論が制止論を覆《くつがえ》し、結局、「山本長官も留めないのだから、黙許しよう」という結論になった。

それなら山本五十六大将の方はどう考えたかと言えば、連合艦隊幕僚の間にも憂色をしめすものが多く、賛否は四分六分であった。が、山本は三川の自重的性格を知っており、暗夜急襲して颯颯《さつさ》と引き揚げる作戦には、ある程度の確信があるものと判定し、かつは、ミッドウェー敗戦後の士気を挽回《ばんかい》するのにも役立つであろうから、「ママやらしてみよう」と決意し、幕僚間に異論のあるのにかんがみて、出撃計画を「黙認」することにした。

よってあえて激励の辞を送らずに、貴艦隊計画の成功を祈る、というだけの返事を送ったにすぎない。すなわちこの計画は、連合艦隊からの命令にもとづいたのではなく、一に第八艦隊の着想に発し、しかも半信半疑の裡《うち》に黙認されたものである。のみならず、大本営からは、イマ一息で制止を食うところであったこと前述のとおりだ。第八艦隊の首脳たちは、大本営や連合艦隊からの制止があった場合にはあくまで再考を促し、あるいはこれを艦隊にあたえられた自由裁量権内の作戦として決行すべしとの議論もあった。

当時の艦隊幹部は、長官三川軍一中将、参謀長大西新造少将、作戦主任大前敏一中佐、先任参謀神《かみ》重徳中佐の面々で、昂奮のあまり、無鉄砲に打って出るような多血漢はおらなかった。しかもあえて「有史未曾《みぞう》有の艦隊夜襲」を企てるについては、何かやむにやまれぬ動機と、必勝の確信とが実在したに相違なかろう。

8　参戦求めて坐り込み

異例の突撃陣形を組む

三川中将の最大の心配は、前述のように、艦隊がまだ一回も合同訓練を行なっていないことであった。このいわば寄り合いの軍勢をもって、深夜、未知の海面に殴り込みをかける場合、何よりも恐るべきは隊列の混乱だからであった。といって、いまさらどうするという術《すべ》もない。そこで三川は、出撃艦を八インチ砲大巡五隻だけに限り、三十ノット強の速力をもって運動の快速と統一とを計ることに決心し、「青葉」以下の四隻をカビエン（ニューアイルランド島の北端）から急航させ、「鳥海」とラバウルで会同して出撃する計画を定めた。一応合理的の計画であった。

ところがそれを知った他の軍艦が承知しない。のこされる他の軍艦は、軽巡「夕張」、同「天龍」、駆逐艦「夕凪」の三隻である。当時の第八艦隊は、このほかに軽巡「龍田」と駆逐艦「卯月」および「夕月」があったが、ちょうどモレスビー作戦のための護送任務でブナ方面（ニューギニア東南岸）に出動中であり、本拠地にあったのは、第六戦隊（大巡四）と第十八戦隊の前記軽巡二隻および駆逐艦一隻だけであった。

その第十八戦隊の司令官少将松山光治は、篠原参謀長をともなって「鳥海」に三川長官を訪れた。松山少将の眼には怪しい光が漂っていた。三川は「来たナ」と思った。果たせるかな、「長官はまさかわれわれにおいてけぼりを喰わせるお考えではないでしょうナ」と、最初から尻をまくって詰め寄る格好である。

　三川は静かに理を説いて納得させようと努めたが、松山は頑《がん》として承服しない。

「長官はわれわれを足手まといとお考えですか」

「そんな考えは毛頭ない。第八艦隊のだいじな予備戦力として、この際は後方に保全したいと考えている」

「われわれは見棄てられたという感じを心底から消すことができません」

「それは誤解だ。今度の夜戦は大冒険であって、半分はやられるかも知れん。そうなった場合、艦隊の使命を今後にまっとうする上に、君たちの艦は残在勢力として不可欠の要素だ。辛いだろうが残ってくれ」

「いけません。犠牲となるなら、われわれの軽巡の方をさきにして下さい。艦隊主力の大半こそ、後の使命遂行に不可欠ではありませんか」

「慎重審議の後に、八インチ砲大巡だけで夜戦を試みることにしたのだから、了解してほしい」

「夜戦ならわれわれも人後に落ちないつもりです。いずれ近接戦となるものと思いますが、その場合、六インチ砲も立派に役立ちますし、また水雷の方は大艦に負けない自信を持っています」

「君たちの戦力を疑うわけでは決してないが、夜間戦闘の隊形運動の関係から、同型艦だけにしたいのが艦隊首脳部の一致した希望なのだ」

平素から論客の方ではなく、常識に富んだ前途ある提督と目されていた松山光治が、これほどまで頑張るとは、三川の意外とするところであった。結局、モウ一度会議にかけて見ようということになった。

部屋を出るとき、松山と篠原は語気を強めて、「われわれはこの光栄ある夜戦に置き去りにされては僚友に合わせる顔がありません。それよりも、自分の戦隊の部下の所へ帰ることができません。私たち二人は、参戦の許可が下りるまで、この廊下でいつまでも待っております」と言ってドアーを閉めて去った。これはその当時、「松山光治の坐り込み」と言って有名になった話だ。近来、労働争議につきものの「坐り込み」とは質を異にし、松山たちは真に生命を賭する犠牲の参戦要求を、十数年の昔にラバウルの本営において演出したのであった。

すぐに艦隊の幕僚会議が開かれた。あの勢いでは松山司令官は艦から降りないであろう。いっそのこと「夕凪」(駆逐艦)も、いっしょに連れて運命の一戦を試みることにしようと決定された。その代わり、混乱の万一に備え、突入の場合は八隻を一列単縦陣に編成し、「天龍」「夕張」「夕凪」を後陣に配することに決まった。突撃陣形は、「鳥海」を先頭に「青葉」「加古」「衣笠」「古鷹」「天龍」「夕張」「夕凪」の一列に組まれ、普通なら、駆逐艦「夕凪」を先頭に、「天龍」「夕張」を第二陣として「鳥海」以下がつづくところを、この逆序列となって突っ込むことになったのである。

9　三転しガ島へ迫る

頭上につきまとう米機

三川中将たちの第二の心配――しかも最大の心配――は、戦場に到着する途中でアメリカの空軍に襲われる危険であった。ミッドウェーの記憶は昨日のように活《い》きている。七日午前五時、ツラギの守備隊員は、眼前に敵の空母二隻を見て電報を打って来ている。護送艦隊の中心が空母であったことは間違いない。

アメリカは珊瑚海海戦で空母レキシントンを、ミッドウェー海戦で空母ヨークタウンを失っているが、現在サラトガ、エンタープライズ、ワスプ、ホーネットの一流艦四隻を持っている。その中の二隻が参戦していることは確実だ（実際は三隻参加）。三川の第八艦隊にとっては最大の苦手である。三川は、八月八日の白昼は丸一日南航せねばならないのだから、その海上で爆弾と魚雷の攻撃を受ける公算が大であり、いかにそれを潜り抜けるかが技術と運命の問題であった。三川の予定航路と戦場とは次頁図の通りで、じつに往復二千キロの大夜襲である。

八月七日午前、第二十五航空戦隊はただちに出動して、ツラギおよびガダルカナル方面の敵艦艇を襲撃したが、その報告には、敵の空母を捜したがどうしても見当たらぬということであった。なるほど、空母が地上基地空軍の攻撃圏内に長く留まっているはずはないから、適当の南方海上に待避しているに相違ない。が、それはおそらく、ガ島の南方百マイル付近

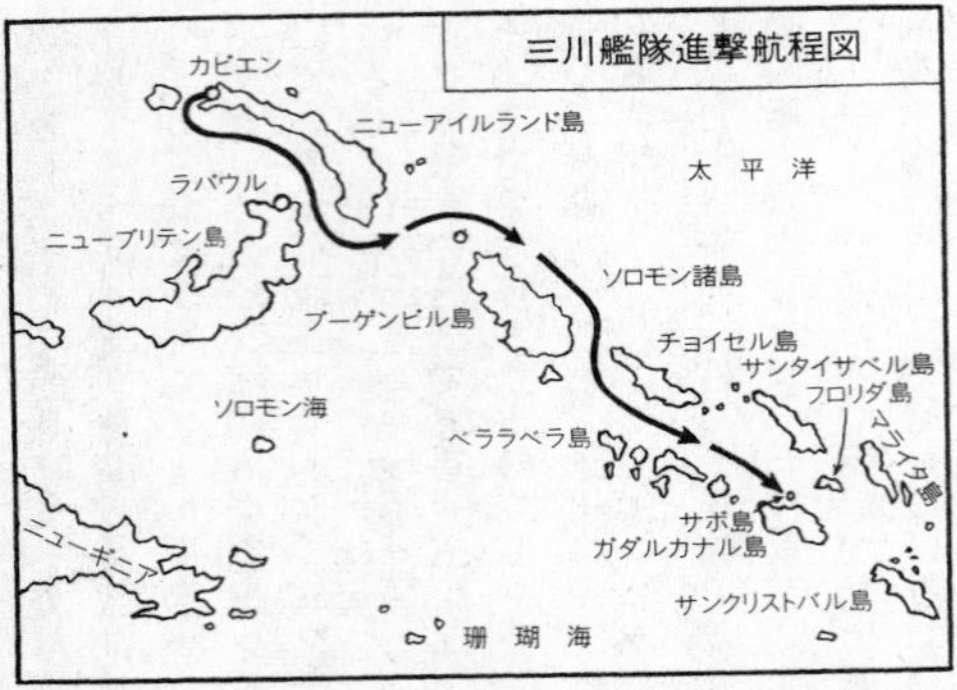

三川艦隊進撃航程図

の海上で、そこから艦上機を飛ばす計画であろう。とすれば、ガ島の北方百五十マイルまでは優に空母機の攻撃圏に入るわけであって、わが第八艦隊は、少なくとも一回は敵空母の襲撃を受けるものと覚悟せねばなるまい。が、襲撃されたら結果はどうなるかわからない。何よりも敵に発見されないことだ。そのため、出発時刻と航路とを慎重に計量して図のごとく戦場に向かったわけだ。

七日の午前に空の要塞B17は、カビエン要港からラバウルに急航中のわが第六戦隊を発見して飛び去った。同日午後四時半、ラバウルを出港した第八艦隊は、午後十時に、セント・ジョージ海峡の出鼻で米潜S三八号に接触された。が、それは咄嗟の近接であって、その距離わずか百メートル、S三八号は日本艦隊の航波を胴体に受けて振動し、急ぎ南西に回避して消息を絶った。

しかしS三八号は、日本の巡洋艦三隻その他二隻がラバウルを出港したことを本拠地に打電して南下した。その夜、前記わが陸戦隊を乗せた明陽丸を撃沈したのはこの潜水艦であり、さらに日本艦隊の出撃を第一歩においてとらえた功により、艦長ムンゼン少佐はあとから最高勲章をもらったが、アメリカの本営は、この出撃を、よもやガダルカナル遠征夜襲のためとは考えおよばなかった。

八日午前二時、艦隊は、隊首を南に転じて一路ガ島を指して進んだ。ところが午前八時二十六分、敵の爆撃機ハドソン一機が高空に現われた。これにわが企図を察知されてはならない。そこで艦隊は左に直角転回を行ない、さらにふたたび直角転回し、北航の姿勢をとって敵機を韜晦《とうかい》した。敵機の去ったのを見て艦隊は航路を復し、速力を上げて南下した。すると午前九時一分、またもやハドソン機が上空に飛来した。多少は癪《しゃく》に触ったこともあろうし、また、再度転舵北上をよそおうのは時間を損することもあって、三川は全艦隊の八インチ砲をもって一斉射撃を命じた。三十四門から飛びだす八インチ砲の威力は敵機をおどかすのに十分であって、ハドソン機は全速力で逃げてしまった（この被発見後の諸問題は後記する）。

そこで三川は転舵一番、ブーゲンビル海峡を南に抜けて中央水道に出で、午後四時半から水道を一直線に南下した。はじめての海域で航路不案内。ただ、第八根拠地隊から、中央水道は戦艦も通れる深さだという話を聞いて、それを唯一の頼りに群島の中央線を一気に南進したのであった。

10　艦隊夜戦の時いたる

不可解にも米空母現われず

これよりさき、八日午前十時、三川長官は五隻の大巡からおのおの一機ずつ水上機を射出して、ルンガ岬（ガダルカナル島）とツラギ港（フロリダ島）の敵情を偵察させた。そのうち

「青葉」から発した一機は、二百五十マイル以上南下して、よく偵察の大任を果たした。その報告によると、敵の空母は影を見せず、大巡六ないし七、軽巡四、駆逐十余隻が、二隊に分かれ、サボ島をはさんで警戒中であることがわかった。前日午後、第二十五航空戦隊が偵察したところと大差なく、敵の兵力は大きいが、二分された各一隊は第八艦隊よりも弱く、かつ空母のいないのが大きい楽観材料であった。

（注）戦後公表された米軍の配艦図は次頁挿図の如く、そうして艦名は（1）ガ島寄りの三艦が大巡オーストラリア、キャンベラ、シカゴ、（2）サボ島東方が大巡アストリア、クインシー、ヴィンセンズ、（3）ツラギ南方が軽巡サン・ジュアン、ホバート、（4）サボ島の北方両側を警戒中の二隻は東が駆逐艦ラルフ・タルボット、西が同ブルー、（5）各隊付および連絡用駆逐艦八隻。なおオーストラリアおよびキャンベラは豪州の大巡。

ここにおいて三川は、八日午後十時半にサボ島の右側から侵入し、まずルンガ方面の敵を撃ち、左転してツラギの敵を叩き、夜の明けぬ間に敵機の空襲圏外に離脱する、という腹案を、本格的に採択すべく決意した。

快晴無風、海は油を流したように凪《な》いで、ただ八隻の奇襲艦隊が斬る白波だけが、ソロモン海に鮮明な絵をえがいていた。もっとも恐れている敵空母の艦上機はまだ現われない。針路をまっすぐサボ島に向けたのは午後四時であったが、敵機は依然として姿を見せない。艦隊は、その集結時に、B17に発見され、セント・ジョージ海峡の出口で米潜S三八号に発見され、さらに八日の午前九時前後には二回にわたってハドソン機の接触を受けている。これらの情報を手にしたアメリカ軍が、わが航海中に空襲をかけて来ないのは不可解である。

三川は、うたがいながらもさらに用心し、艦隊速力を二十ノットに落とし、殴り込みの時刻を一時間遅らせて十一時半に変更した。想定空襲海域を昼間はできるだけ遠ざかっておいて、日没後に増速突進する計算からである。午後二時から三時半ごろには、無線電話の傍受により（米国生まれの二世が担当していた）、敵の空母が近距離にあることが推知された。「グリーン・ベース」「レッド・ベース」と呼ぶ高い声が、着艦しようとする飛行機に甲板の状況を教えているのが聞こえた。どうも一空襲浴びそうだ。時は刻々と過ぎて行く。はやく日が暮れないかと神に祈りながら、三川たちは「鳥海」の艦橋に立ちつくして天を睨《にら》んでいた。

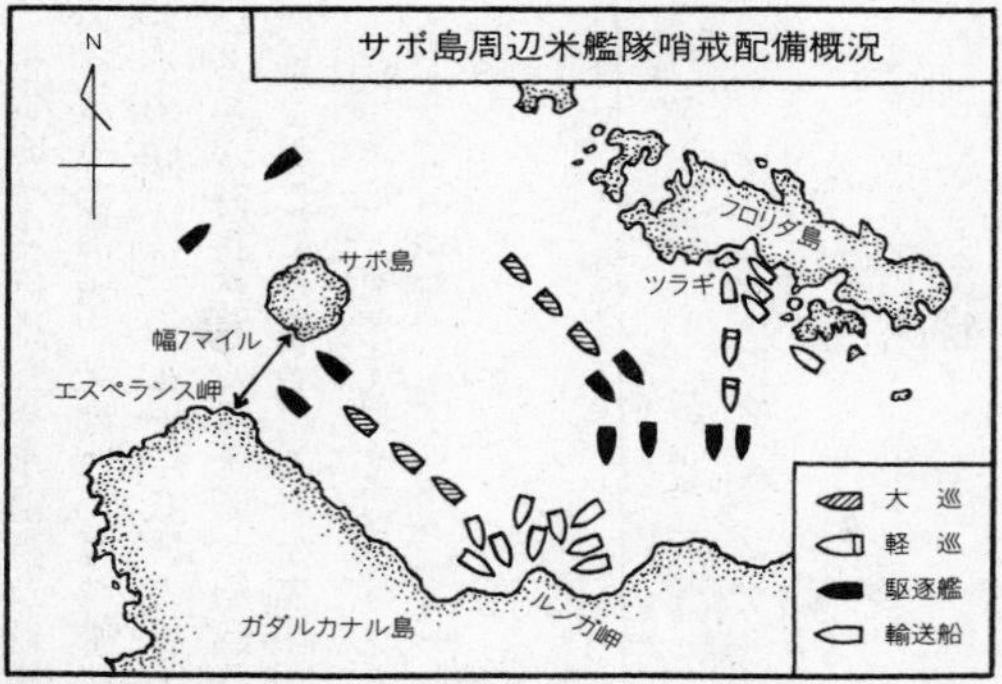

サボ島周辺米艦隊哨戒配備概況

四時をまわった、敵機はついに来ない。モウ大丈夫らしい。三川たちの顔から憂色はだんだんとぬぐい去られて、決戦に向かう勇士の自信に満ちた輝きが奔《ほとばし》って見えた。首脳部の確信は、同時に、一般将兵の自信でもあった。夜戦になったら絶対に負けないという信念が、彼らの挙措言動の中から自然に流れ出していた。

士官室で、砲術長や水雷長が新聞特派員の肩をたたき、「君たちぐらい運のよい男はいない。世界の海戦史上はじめての艦隊夜戦というのを見物できるとは——」と微笑しながら語るその顔には、およそ「負けたら」というような気配は微塵《みじん》もなく、戦わない前から勝っているのが感得された。そこへ飛行長が入って来て、「いよいよ近づいたナ。友だちの連中が羨《うらや》ましがるだろうナ。こんな夜戦は滅多にあるもんじゃない。俺は今夜はウンと低く飛んでやる。では一眠りしてこよう」と、スポーツ選手の合宿所における試合前夜の光景を点描するようであった。

第二章　完全勝利の内容

1　必勝突入の長官命令

驚くべきわが見張員の眼力

太陽は西の水平線に沈みかけた。午後四時三十分である。戦術常識として当然来襲するはずの敵機はついに現われない（理由後述）。この時刻を過ぎてはモウ艦上機の来ないことは九十九パーセント確かだ。日本の将兵は躍り上がった。

そのとき、長官の命令が下った。「一切の甲板上の可燃物を海中に投棄せよ」。いよいよ夜戦用意の第一歩がはじまった。各艦は燃えやすい物はもちろん、中甲板に準備してあった爆雷まで棄てた艦もある。イヤ、煙草用ライターに使うガソリンの小罎《こびん》までも捨ててしまうという徹底ぶりに、出陣寸前の戦士の心構えが窺《うかが》われた。その間、太陽は完全に没していた（日没は四時十分）。午後七時、三川司令長官の訓示が掲げられた。それはつぎの通りの文字であった。

「帝国海軍の伝統たる夜戦において必勝を期し突入せんとす。各員冷静沈着、事に当たりては克《よ》く全力を竭《つ》くすべし」

主力の決戦とは違うから、「皇国の興廃この一戦に在り」とは言わない代わりに、「伝統たる夜戦」の一句を導入して「必勝の信念」をかき立てることを忘れなかった。夜戦なら負けないという確信がすでに将兵の血の中を流れていたが、その信念の過熱を制するために、「冷静沈着」の一語を插《はさ》んで万全を期したものである。

夜戦はまさしく帝国海軍の伝統であった。小さい国が少ない兵力をもって勝つための戦法は夜戦を第一とする。戦闘は兵力と術力と精神力とによって決まるが、兵力が足りない場合には、後の二つによって勝利を期さねばならない。そうして、夜戦はじつに術力と精神力との結合であり、そうしてもっぱら訓練によって達成されるものである。日本は三等国時代に水雷艇の夜戦によって敵にとどめを刺した。二等国になって旅順口外駆逐艦の夜襲で名を揚げた。一等国となった後も、兵力量はアメリカやイギリスの七割以下に抑えられて、依然として夜戦を活用する立場に置かれたのであった。

まして第一次大戦以降、アメリカとの海軍競争を惹起《じゃっき》し、日本の希求する対米七割の兵力量が得られず、戦艦や大巡の主力は六割に制限されて、洋上決戦ではとうてい勝算が立たなかった。日本の海軍は、その兵力不足を補うために特殊の兵器を工夫し、あるいは軍艦の威力を増大する造艦技術の改善に苦心して成功したが、しかも兵力量の劣勢を補うことは不可能であった。

そこで、「猛訓練」が帝国海軍の合言葉となり、なかんずく、艦隊の夜戦訓練が、危険を冒して最高限に実施されることになった。水雷戦隊の夜襲と違って、大艦隊の夜戦は、数十隻の軍艦が暗夜消灯して馳駆《ちく》するのだから、危険は想像もおよばないものがあった。有名な美保関事件はその危険を実証した一例（昭和二年八月）であるが、この夜戦演習で、巡洋艦「神通」は駆逐艦「蕨」の胴体を真っ二つに割り、巡洋艦「那珂」は駆逐艦「葦」の艦尾半分をもぎとり、死者百数十名を算し、「神通」艦長の責任自決問題まで起こすという騒ぎであった。真っ暗な海上、相手軍艦の横腹が自分の艦と擦《す》れ違って呼吸が止まるようなことはたびたびである。こうした訓練を積んでいく間に、夜間の透視力も高まり（特製のビタミンA剤も備えていた）、緊急操艦法も発達し、夜戦の勘が養われてあっぱれなる闇の戦士となる。

とくにわが見張員の視力は超人間的であった。海軍は、水兵の入隊時にとくに視力を検査し、その優秀なものを選んで見張員に仕立て、夜間透視だけを任務として訓練をさせて兵曹までそれをつづけさせた。優れた兵は、夜間八千メートルの海上で軍艦の動いているのを見た。アメリカの公刊戦史に、"Cat's-eyed Japanese lookout" と書いてあるのがそれで、日本海軍の見張員は、猫の目の鋭さをもって暗夜を透視した（後述実戦記参照）。「夜戦」はそこまで鍛えられていたのであった。

そうしてその訓練は、闘将加藤寛治が連合艦隊長官となった昭和初年から、休みなくつづけられ、とくに高橋三吉や末次信正の時代には、麾下《きか》の艦長たちがノイローゼになるほど劇《はげ》しかった。それが帝国海軍の夜戦必勝の信念となってサボ島海上に爆発しようとしていたのだ。

2　奇襲大勝利は目前

敵は三川艦隊の接近を知らず

暗くなる直前、艦隊は夜戦陣形に改め、旗艦「鳥海」を先頭に、駆逐艦「夕凪」を隊尾とする八隻の単縦陣とし、艦距を千二百メートルに規正した。午後九時、最後の偵察機と照明機とが「青葉」の艦上から射出された。今度こそは生還の機会はないと思われる夜戦飛行の任務に、彼らは勇躍して飛び去った。暗夜の艦上射出は危険で、普通なら水上におろして飛ばすのだが、隊列を再整する時間の余裕がないので、思い切ってカタパルトで射出した。全機みごとに飛び立って闇の中に消えた。

九時三十分、各艦は檣頭《しょうとう》に白布の長い吹き流しを掲げて識別に供した。陸軍の夜襲に白襷《しろだすき》を肩にかけて突撃した旅順攻略戦の昔（日露戦時。中村少将の決死隊三千が松樹山要塞に突入するときに用いた）を偲《しの》ばせるが、艦距千二百メートルで暗夜全速運動戦を行なう場合には、この標識は欠かせないものであった。間もなく先に射出した水上偵察機から報告が到来し、敵の巡洋艦三隻がサボ島の南西海面をパトロール中であることを告げて来た。午後十時、戦闘用意の命令が伝えられ全員部署につく。速力は二十八ノットに増速され、戦闘は刻々と迫って来た。

午後十時四十分、艦隊は左舷二十度にサボ島を見た（「鳥海」から）。はじめて見る山影であったが、写真で穴のあくほど見ていた山の形がそのまま描き出されて、戦機のいよいよ熟しつつあることを告げるのであった。

午後十時四十三分、見張員の大声が闇を破って聞こえて来た。

「右三十度敵影一、進んで来ます」

距離八千メートル。例のわが Cat's-eyed lookout は、闇の中で八千メートル先を一隻の駆逐艦が進行中であることを発見したのである。敵は、その五倍から十倍も大きい軍艦が七隻もならんで走っているのが見えないのだ。驚くべき夜の目の相違である。敵の駆逐艦はブルー号と言い、サボ島の北方に進出して第一線哨戒の任に当たっていたものだ。砲術長は身構えて射撃開始の許可を待ったが、三川は咄嗟《とっさ》に考えた——。一艦を屠《ほふ》るのはやすいが砲声によってわが艦隊の所在を敵に知らせるのは不利だ、一応回避して潜入しようと。途端に、見張員の第二の報告が叫ばれた——「敵反転。巡航速力変化ありません」と。普通人が真っ昼間でもわからない八千メートルも先の駆逐艦の速力まで読むというのは人間業ではない(ブルー号は十六ノットの巡航速力でパトロールを継続していた)。

三川は得たりと速力を二十二ノットに落とし、左に二十度ほど転舵して敵の目を避けて進んだ。すると、たちまち見張員の声あり——「左二十度、敵影一、向かっているようです」と。距離七千メートル。間もなく、敵は艦尾を向けて東航中である旨が伝えられて来た。ブルー号と組んで、サボ島の北東を警戒中の駆逐艦ラルフ・タルボット号であった(米の両駆逐艦は初期のレーダーを備えていた)。この駆逐艦も日本の艦隊には全然気がつかず、これも哨戒速度で東方に消え去った。時を移さず、三川は艦隊の針路を旧に復し、ちょうど敵駆逐艦二隻の真ん中を南方に航破突進した。多年夜戦の訓練を積んだ成果は、燦然《さんぜん》としてサボ島の海上に現出されようとしていた。

第一線の哨戒艦が二隻とも気がつかないのだから、敵艦隊は日本艦隊が、八インチ砲と二十四インチ魚雷を装塡して、三十分以内の近距離に迫っていることを全然知らずにいる。わが航路と敵影照射とが適切に行なわれるならば、夜戦奇襲は大勝利を告げるであろう。

午後十一時、「青葉」から射出した偵察機は、敵の巡洋艦三隻が、サボ島南西海面を哨戒中であることを伝えて来た。三川はただちにこれに向かうべく、サボ島の南側に沿い、針路九十五度をもってガ島ルンガ泊地の方向に急進し、同時に「全軍突撃せよ」の命令を一下した。時に八月八日午後十一時三十分である。速力は三十ノットに増速され、駆逐艦「夕凪」は隊列を離れて北方に単独作戦するよう指令された。三十ノットではついて来られないのが主たる理由だが、北方に独航して前記の敵駆逐艦を掃蕩《そうとう》し、わが艦隊の帰路を安全にしておく任務もまた、「夕凪」の艦長を納得させせるのに十分なる理由であった。

3　敵旗艦の留守を襲う
まず大巡二隻を血祭り

「全軍突撃せよ」の命令一下の直後に、猫の眼を優越するわが見張員は、八千メートルの距離において、「右九度、巡洋艦三隻、右へ進んでいます」と報告した。報告は伝声管を通して艦内にひびき渡った。いよいよ本物をつかまえた。将兵は呼吸が止まらんばかりに緊張した。途端に、先に射出してあったわが照明機の吊光弾が空からつぎつぎと舞い下って、あかあかと敵の艦影をうつし出した。約八千メートルの右方に、まず一万トン級大巡二隻の姿が浮かび上がった。

「鳥海」艦長大佐早川幹雄は、「右魚雷戦。発射始め」と、割れるような声で命令した。十一時三十七分、「鳥海」の右舷側四本の魚雷は水面に投射されて東方に驀進《ばくしん》した。戦果を祈りつつ待つほどに、十一時四十二分、遠雷のような爆音を聞いて眺むれば、折からわが照明弾に照らし出された海上の一艦中央部から水煙が上がり、その水柱は艦の二倍の高さまで昇騰した。それはその艦が轟沈したか、あるいは大破したことを示すもので、果たせるかな大破した軍艦は豪州の一万トン巡洋艦キャンベラ号であった。さらに十一時四十七分、「青葉」が放った魚雷四射線の一つはアメリカの大巡シカゴに命中した（戦後の再調査により、キャンベラ号を撃った魚雷は、時間――十一時三十九分――と射角の両面からみて、「衣笠」が放ったという説が有力である）。

もう一隻の大巡オーストラリア号（護衛艦隊の旗艦）は、不幸中の幸いというか、司令官クラッチレー提督が他の緊急会議に出席していたので戦場を離れており、偶然にも日本艦隊の雷撃から助かる結果となった。旗艦と司令官の留守中の戦闘。その裏には興味ある挿話《そうわ》があるので、この機会に紹介しておこう。

米将フレッチャーの空母艦隊がこの戦場にいなかったことは、三川艦隊の夜戦を成就させる大原因をつくったのであるが、フレッチャー提督は、ガ島上陸作戦の決定した当時（七月二十六日）から、「空母艦隊は二日間以上は、ガダルカナル島上陸戦の上空掩護に使用することはできない」旨を力強く主張した（空母サラトガ艦上でひらかれた作戦会議において）。水陸両用艦隊の指揮官ターナー少将はこれをさえぎって、「残酷ではないか」と応酬し、両将の激論は二時間余りもつづいた。ターナー少将は、海兵師団一個の上陸完了には最低四日間を要するのだから、その四日間だけはなんとしても空の掩護が必要であり、二日間では責任が取れぬと頑張った。が、フレッチャー提督は、その海上が日本の基地空軍の爆撃圏内にあり、爆撃に弱い空母を四日間もそこに曝《さら》しておくことは非常識の冒険と言わねばならない。すでにレキシントンおよびヨークタウンを失ったアメリカが、ここで残りの三隻中の一隻をやられても大変だ。二隻でもやられようものなら、太平洋の日米海戦はそこで勝負がついてしまう。ガ島やツラギの上陸戦のために、アメリカが戦争そのものを失うような馬鹿な戦さをだれができるというのか。

論議はついにまとまらず、ともかく計画どおりの上陸戦だけは実行し、形勢いかんによって再検討を加えようということで、サラトガ艦上の作戦会議は散会した。上陸戦は予定どおりに行なわれ、フレッチャー提督は、空母三、戦艦一、その他補助艦隊を率いて上陸戦を支援したが、さて上陸が終わった八月八日午後六時にいたり、さきに（七月二十六日）自分が主張したとおりの行動を、一方的通告をもって独断実行してしまった。

すなわち、南東太平洋方面総司令官ゴームリー提督に電報し、「われ上空支援の任務を終われり。艦上機は九十九機中の二十一機を失いたり。敵の雷撃機および爆撃機がこの海面に豊富なるにかんがみ、艦隊は、すみやかに退去するを至当と信ず。かつ燃料不足を告げんとす。至急、給油船を派遣されたし」と訴えながら、南方に退却を開始してしまった。前章に「レッド・ベース」「グリーン・ベース」の無線電話命令を発していたのは、飛行機を至急収容して帰途につくためであったことがわかる。フレッチャーは、日本機の爆撃圏外に退いて、ガ島から百マイル南方のサン・クリストバル島付近に待機しようとしたのであった。総将ゴームリー提督は、元来が穏健な性質で、麾下両将の激しい争いを持てあましていた。いま一方のフレッチャーの請訓、というよりも独断を聞いて、むしろ肩の荷を下ろしたが、他方のターナー少将は前者の無電を傍受して狂わんばかりに起ち上がった。

4　第一戦を十分間で勝つ

急報にも敵の旗艦はもどらない

米軍上陸作戦の直接の総指揮官ターナー少将は、空母艦隊の無断撤退に対してゴームリー総司令官の再考を要請したが返電要領を得ず、ここにおいて、八日午後十時三十二分（三川艦隊はこの時分、サボ島の南側から突入しつつあり）、警備艦隊司令官クラッチレー少将と海兵第一師団長ヴァンデグリフト中将とを旗艦マコーレー号に招致して、三者作戦緊急会議を開くことになった。

緊急会議の内容詳細は省くが、結論は、「フレッチャー機動部隊（空母三、戦艦一、巡洋六、駆逐十六）が去ってしまっては、輸送船団のガ島滞留は破滅的危険に陥る。よって部隊の輸送船団は翌早朝まで徹夜荷揚げに従事したうえ、一応撤退する。だから海兵師団は、揚がった食糧弾薬だけで我慢してもらうし、また警備艦隊（クラッチレー少将。大巡六、軽巡二、駆逐八）もしばらく水上部隊だけで作戦されたい。空軍の掩護は後から至急工作する」というのであった。米の輸送船団（ガ島に十三隻、ツラギに八隻）が八日の夜十二時までに荷揚げし得るのは、ガ島の方が約半分、ツラギは五分の一もあやしく、それらが完了するのは早くて四十八時間後となる計算であった。すなわち少なくとも満二日はルンガ、ツラギの沖合いに碇泊して、日本空軍の爆撃に曝されるわけで、大打撃を蒙《こうむ》ることを予測せねばならぬ状態にあった。

ヴァンデグリフト師団長もしぶしぶながら承知するほかなかったが、クラッチレー提督の方は、同じく苦諾している最中に自分の艦隊をやられてしまうという災難に遭遇したのだ。クラッチレー提督（英国海軍少将）は、八日午後十時三十二分、ターナー長官の緊急招致により、汽艇では間に合わないので、乗艦オーストラリア号を巡航陣形からはずして単艦急航したのであった。十時半までに日本の偵察機が発見報告した際には、オーストラリア号は旗艦として隊列の先頭にあり、まさに大巡三隻遊弋中の体勢であったが、その直後から、大巡はキャンベラと、シカゴの二隻に減少したわけだ。

かくして大巡オーストラリア号は、日本艦隊の魚雷急襲の圏外にあって生き残ることになったが、敗戦の責を負うて辞表を提出することもなく、この英国の老提督は、かえってアメリカ軍艦の警備能力の不足を嘆じるのみであった。もとより責は彼の上にあるのではなく、彼を呼び出したターナー長官の負うべきものであろうが、二人とも、日本の三川艦隊がそこに迫りつつあった戦況をぜんぜん知らなかったという無知識の罪は同じであった。無知の罪といえば、それは二人の提督に限ったことではなく、アメリカ軍の首脳全部が不注意であったその罪の一小部分を分担するに過ぎないのであった。クラッチレー司令官は砲声を聞き、ついで無線報告を受けたが、「状況不明の戦場にもどるよりは、船団の保護が大切だ」という理由で、翌朝まで単艦ルンガ沖にとどまって命を助かった（米国の世論は今日でもこの提督を非難する）。

さて、三川は、敵の南方部隊を、わずか十分間で撃破し、ただちに隊首を東方に転じてツラギ沖に想定される敵の第二陣（北方部隊）を撃滅すべく突進した。第一次戦の終わるころ、三川の隊列は、五番艦「古鷹」のところから切れて後方の三隻（「古鷹」「天龍」「夕張」）は東方に早目に転回していた。思うに魚雷を発射する場合には射角を敵に直角に向けるから、標的の所在いかんによって隊形が変わったのであろう。

その左折三艦は、間もなく、中央部警戒巡航中の敵の艦影（北方部隊――大巡三隻）を認めたのでただちに砲撃を開始し、その砲声が旗艦「鳥海」の司令塔に聞こえて来た。そこで三川ははじめて探照灯をその方向に照らして敵情をとらえようとした（視達距離七千メートル）。素人観《しろうとみ》には、わが身の所在を敵に知らせるのは不利不用意の処置とも見えるけれども、すでに勝利を見きわめた玄人《くろうと》の戦術観では、これによって、「『鳥海』ここに在り」という雄姿を全軍に告げるとともに、照明中の敵艦に集中砲撃を急施する叱咤《しった》の命令でもあった。そのとき距離わずかに四千メートル！　わが八インチ砲と五・五インチ砲の急霰《きゅうさん》は、面白いように当たった。舵を失った敵艦クインシーは三千メートルに接し、艦上を走り回る敵水兵の姿が肉眼で見えるほどに近づいて狙い撃ちの好目標となった。

5　米艦にも特攻精神

勇壮クインシー号の最期

敵の大巡クインシーは、艦の後半を燃えるに任せて、直角にわが隊列に突進して来た。方向は旗艦「鳥海」を目指して二千メートルまで迫った。衝撃によって最期を遂げようとするアメリカ水兵の闘魂が、猛火となって燃え上がっているのが目前に視認された。その間クインシーは残った唯一の前部砲塔（八インチ砲）をもって断末魔必死の砲撃をつづけ、その一弾は「鳥海」の第一砲塔の左側を、他の一弾は司令部作戦室を射貫いて数十名を殺傷した。室外五メートルのところに出でて指揮をとっていた三川長官と幕僚たちとは危うく死をまぬがれた。この夜戦がすべて好運裡に遂行された諸現象中の一つである。

さて、クインシーが二千メートルまで驀進して来る姿を照らし出したわが四隻の大巡は、たちまち砲火をこれに集中して蜂の巣のように射貫いた。間もなく、火災は前艦橋をつつむと見る間に、一大爆音を上げて艦は海中に傾いていった。引きつづく夜戦は十数分間で片づき、日本の勝利は嘘のように簡単に遂げられたのであるが、その短い夜戦の中で、もっとも劇的形観を呈したのは、この大巡クインシー号の突撃であって、挺身特攻の精神が、別な形において出現したものと見てよかろう。

　艦長ムーア大佐は砲戦第一撃で重傷を受けて立たず、副長また傷つき、最後の突撃命令は砲術長ヘネバーガー中佐によって下されたものであったが、その勇壮なる最期は、米海軍の精神を賞揚するに十分であった。

　クインシーは中央にあって、前後には大巡ヴィンセンズとアストリアとが、十ノットの緩速力で巡航していた。この三艦に、駆逐艦ヘルムおよびウィルソンを加えたのが北方部隊で、司令官クラッチレーからは何の音沙汰《おとさた》もないので、大巡ヴィンセンズの艦長リーフコール大佐が指揮をとる形となった。

「鳥海」がサーチライトを照射したのは、八日午後十一時五十三分と記録されているが、その寸前に、日本機の照明弾はこれら三艦の頭上に落下しつつあった。そのとき、艦長リーフコール大佐は、二日間不眠不休の活動に疲れて睡眠中であり、当番の将兵も、ねむい眼をこすりながら、夜半の勤務を辛うじて果たしていたのが実相であった。

　これよりさき、巡警駆逐艦パターソン号は、「古鷹」以下三艦を発見し、「警戒！　怪しき艦影あり」とラジオで繰り返したが、それを聞いた夜勤の将校は半信半疑をもって受けとり、ある艦は探照灯を点じたが他の艦から眩《まぶ》しいと抗議されてすぐに消灯した事実もあり、要するに、日本の艦隊が数千メートルの身辺に迫っているという現実とは、およそ懸《か》け離れた判断をもって警戒に当たっていたのだ。

　彼らの警戒は、日本軍の空襲に対して集中されていた。八日の白昼にも日本の空軍はツラギとガ島とに来襲した。九日にはさらに大規模なる攻撃を仕かけるであろうし、あるいは未明に来襲するかも知れぬ。現に爆音が聞こえる。敵は上空から来るというのが一般の判断であったのだ。

だからこの夜戦において、驚くべき事実は、敵の大巡三隻が、その八インチ主砲を全然準備していなかったことだ。日本艦隊、とくに「鳥海」の探照灯は、最初に敵の殿艦《しんがりかん》アストリア号をとらえたものと思うが、見ればその八インチ砲は平時状態に置かれていて、敵を撃つ姿勢には備えられていないのであった。その代わり、高角砲の周辺には、白い服の将兵が隊を成して控えており、命令一下、対空戦闘の開始に遺漏なきを期していたのが判然と視認されたのである。

これをもって見れば、敵がサボ島近海の暗夜に、砲戦を交えようなぞとは、撃たれるまでは夢想もしなかったこと一目瞭然であって、米国のある戦記に、大巡がただちに八インチ主砲をもって応戦したと書いているのは、少なくとも時間的に誤っている。前記クインシー号の砲火も、その沈没の五分前ごろから撃ち出したもので、戦闘の前半分は、日本の主砲三十四門に対する米国零の比率において戦われたといっても少しも誇張には失しないのである。もしも最初から対等に撃ち合っていたとすれば、日本側の死傷が、軽いのを加えても八十六名に過ぎなかったというような数字の出るわけはない（米軍の死傷は千九百七十九名）。

以上は完全に不意を衝かれた者の蒙る不可避の運命であるが、衝いた側の戦い方が、「帝国海軍伝統の夜戦」であっただけに、戦果が二重に拡大された事情を回顧しよう。

6　燃えやすい米国の大巡

海戦場に灯籠流しを見る

三川艦隊の砲火は演習時におけるよりも正確に命中した。野球の優秀投手がパーフェクト・ゲームを成就するときのような正確さをもって命中弾を送った。艦隊の攻撃力は、八インチ砲三十四門、五・五インチ砲十門、四・七インチ砲二十六門、それに魚雷発射管六十二門であったが、その全部が、三十三分の短時間に急霰のように注がれて敵艦に命中した。この戦闘で発射されたわが各種砲弾の総数は、八インチ砲弾一千二十発、五・五インチ砲弾百七十六発、四・七インチ砲弾五百九十二発、その他の小口径弾一千五十三発の多きを算し、何艦の何砲弾が敵を沈めたかはもとより不明だ。ただ、寄ってたかって叩き伏せてしまったという実情であった。いな、それらよりもいっそう有効なる魚雷が六十一本も発射されているのだから、撃沈因の判別はいよいよ困難である（豪州の大巡キャンベラ号が魚雷で致命傷を受けたのは明瞭であったが、その前の四分間に、すでに十四発の弾丸を撃ち込まれていたことが米国の記録に残っている）。

著《いちじる》しい特徴はアメリカの大巡が燃えやすくできており、将校の居室内部には木材の使用されていたところが多く、また床にはリノリュームが張られてあって可燃的であるそのうえに、ガソリンその他可燃物が満載されているのが火事を起こして燃え拡がり、わがサーチライトを不要とするまでの猛火となったのだ。とくに大巡クインシー号には、飛行機二機がカタパルトに、一機が甲板上に、燃料を満載して装備されていた（他に二台の予備機あり）。真っ先に火を発したのは、これらの航空用ガソリンであった。

僚艦アストリアとヴィンセンズとは夜間は油を抜き、早朝に再充塡する慣習であったが、クインシーの将校は、戦時にはかかる生温《なまぬる》い方法は不可なりと主張して、即刻に飛び立てる準備を実行していたが、それがたまたま夜間急襲を喰って真っ先に火事となったわけだ。余談になるが、もしもアメリカの大巡が魚雷発射管を備えて装塡していたら、一倍の惨事が甲板上に爆裂したことであろう。日本の大巡はいずれも八門の水雷発射管を持っていたが、アメリカの大巡はそれを一門も備えていないので、甲板上での水雷自爆はまぬがれたわけだ。それに代わって飛行機が燃えた次第だが、かりにガソリンを抜いていたとしても、幾分はタンクに残っていたろうし、他の二艦の甲板上でも飛行機が劇しく燃えるのが目撃されたという（大巡はSOCI3型複葉機五台を常備していたが、それらはファブリックを被せてあるから燃えやすかった）。

それだけでなく、艦上には、可燃性の物がむき出しで積まれていた。三川中将が、突入前に一切の可燃性物件を投棄させ、煙草ライター用の油まで棄てたという覚悟に較べるとまさに天地の懸隔であった。

各所に一万トン大巡が燃え上がっている光景は壮絶であり、また美観でもあった。それを見た丹羽文雄氏は、両国の花火を大仕掛けにしたのを眺めるごとく、自分が生死の戦場にあるのを忘れた旨を述べているが、当の司令長官三川軍一氏も、何かの雑誌の上で「お盆の灯《とう》

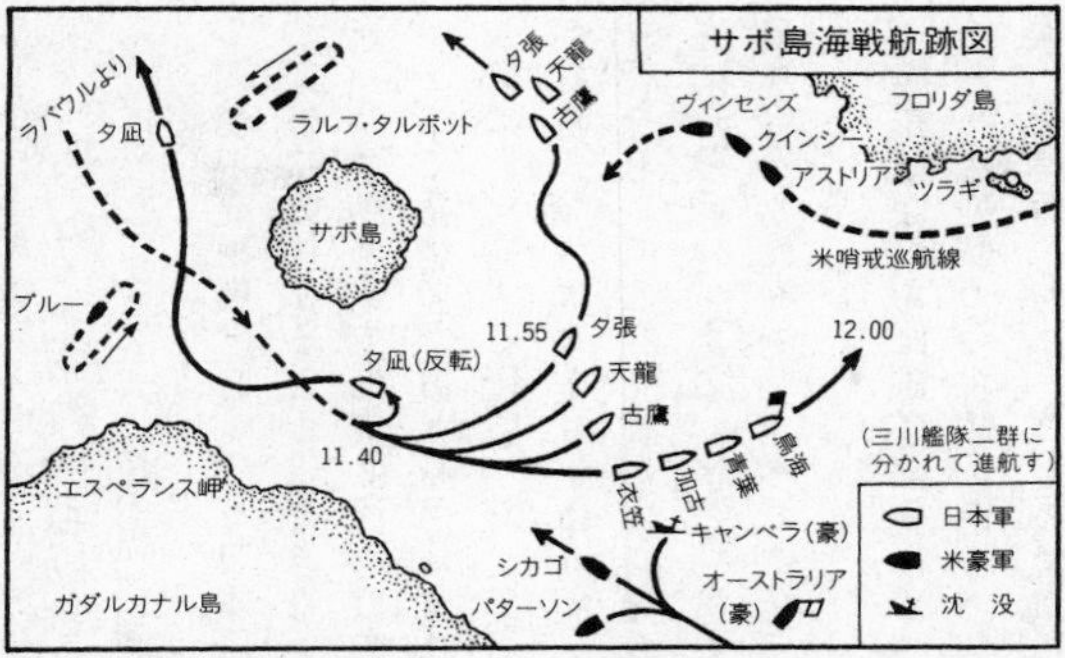

籠流《ろうなが》しを思い出した」とその実感を回顧している。

「鳥海」のサーチライトが艦の北方部隊をうつし出したときは、三隻とも大巡であることはすぐわかったが、それらの艦名は、戦後までわからなかった。

戦後にいたり、敵はヴィンセンズ、クインシー、アストリアの順序でサボ島の東方海上を四角形に警戒巡航していたことがわかり、最初にとらえたのは、奇しくも三年前、斎藤駐米大使の遺骨を日本に運んで来てくれたアストリア号であったことが明らかとなった。

挿図にしめしたように、アストリア号は殿艦であり、「鳥海」は先頭艦であるから、探照灯が第一にアストリアをとらえたのは当然である。探照灯は一閃してたちまちクインシー号とヴィンセンズ号を照らし出したが、それら三艦は、海軍通で有名なハンソン・ボールドウィン氏の表現をかりれば、「坐っていた家鴨《あひる》」であって、何も知らずに悠然と鈍航をつづけているところを（南方の砲声を駆逐艦の小競合《こぜりあ》いと勘違いしていたことは後に書く）、餌を求めて来襲した狼の一群に捉《つかま》ってしまったのである。

7　南海の戦場きびし

〃友情の霊柩艦〃も沈む

友情の霊柩艦《れいきゅうかん》として広く日本国民に知られた大巡アストリア号も、たがいに殺し合う戦争の局外に安住することはできないばかりでなく、水上部隊はじめての日米海戦に登場して空しくサボ島の南方海底に沈んだのである。

ここで多少でも彼女を弔う意味で、その戦況を略説しておこう。それはまた、ほかの沈没大巡にも相通ずる現象であって、サボ島海戦の一面を説明することにもなるからだ。九日午前零時一分、アストリアは八インチ砲を二回も発砲した。艦長グリーンマン大佐は驚きと憤りとをもってこれを制し、「発砲止め」を電命して副長トッパー中佐をかえりみ、「同士討ちの危険明白である。慌《あわ》ててはならぬ」と釘をさした。トッパーも即座に同意し、だれが発砲を命令したかをしらべた。そうして犯人（?）は砲術長ツルースデル中佐であることを確かめた。

艦長はただちに砲塔に歩みよって砲術長をしかろうとすると、砲術長は、「神よ、撃たせ給え」と叫びつつ右舷を指し、「あれは那智型巡洋艦。ソレわれに向かって撃って来ています」と絶叫した（「那智」は型が違う大巡）。艦長が眼を見開けばまさにそのとおり。すぐに発砲の命令を下したが、その途端に日本艦隊の主砲は早くもアストリアをとらえていた。第三回目の斉射が艦の中央に当たったが、距離はわずかに三千メートルであり、八インチ砲は射角零で打っても撃ちそこなうことはなかった。

発砲命令によって、砲員が部署につこうとする瞬間に、第二、第三の砲塔は爆破され、間もなく第一砲塔にも巨弾が命中炸裂して担任将兵全滅し、アストリアは三分間で腕を剝《は》ぎとられてしまった。と同時に、劇《はげ》しい火災が艦の中央部に発生して劇しく燃え出した。消火隊が駆けつけて奮闘中に、艦は何回か大きい震動を感じ、古い木造家屋が大地震に会ったように揺れ動いた。艦首付近に魚雷を受けた以外に、数発の八インチ砲弾が水線部に命中したのだ。その中の三つは直径約四フィートの穴をあけ、そこから海水が奔入して汽罐室を侵して行った（査問委員会におけるショープ大尉の報告）。

艦の中央部が燃えていて、前後の交通を遮断されてしまったアストリアは、防火と防水を闘いながら、敵（日本艦）と戦うことも忘れなかった。主砲塔を破壊された彼女は、五インチ副砲を総動員して、合計五十九発を撃ったが、狙いは定まらず、ほとんど日本軍艦の上には落ちなかった。この戦闘中に、三隻のアメリカ大巡が撃った砲弾総数は、八インチ砲百十七発（日本は千二十発）、五インチ砲七十九発にすぎず、日本の十分の一という少数で、しかも命中したのはクインシーの八インチ弾が「鳥海」の作戦室と砲塔とを爆破したに過ぎなかったのだから、アストリア号の射撃の巧拙を批評するのは大人気《おとなげ》ないことであろう。

零時十五分、三川艦隊は勝って北方に去って行った。クインシーは艦影の大半を没して、残りの部分が燃えており、ヴィンセンズも大同小異、沈没は一時間以内の運命にあったが、アストリア号は、中央部が燃えているだけで、傾斜は五度以内であった。艦長グリーンマン大佐は、本艦を救《たす》け得ると信じ、駆逐艦バークレーのホース注水を求めるとともに、将兵を総動員して防火と排水に努めた。しかし火事は消えないばかりでなく、内部へ拡がっていく形勢であり、水線部の弾穴から浸入する水量は刻々に増して行った。

そこで艦長は、浅瀬に曳航《えいこう》してもらって沈没をまぬかれようと考え、駆逐艦ホプキンスをしてその難業に当たらせた。ホプキンスは曳索をつけてアストリアを曳《ひ》こうとした。が、ホプキンス号の馬力では、水を呑んだ一万トンの大巡は曳けない。やがて駆逐艦ウィルソン号が代わって試みたが、十メートルほど動いたところで曳綱が切れてしまった。

途端に火は下甲板におよんだらしく、盛んに予備弾の爆発する音が聞こえ、そのうち、黄色の煙が舞い上がって来た。火薬庫も近いであろう。艦長はついに艦の放棄を決意し、将兵を来援の汽船アルチバ号に移して（千七十二名から八百五十六名が生き残る）最後に艦橋を去った。そのときすでに四十五度傾いていたアストリア号は、九日午前十時十五分、静かにその影をサボ島の南三マイルの海中に没し去った。

8　まさに神速の艦隊

東郷以来の完勝記録

神速という言葉は、この夜の戦闘を形容するために存在すると言ってもよかった。わが偵察照明機が吊光弾を投下し、「鳥海」艦長早川大佐が、右側魚雷発射の命を下したのが、八日の午後十一時三十七分であり、それから艦隊がサボ島の南を一巡して最後の敵艦を射止めたのが、九日午前零時十分であるから、戦闘の時間は正確にはわずか三十三分に過ぎない。まことに、あっという間である。

その間に、三川艦隊はクラッチレー提督の率いる警戒艦隊の大部分を屠ってしまったのである。すなわち大巡キャンベラ、同アストリア、同クインシー、同ヴィンセンズを撃沈し、同シカゴを中破して完勝を挙げたのであった。まぬかれた大巡オーストラリアは長官の緊急会議出席を送ってルンガ岬にあり、他の軽巡二、駆逐二は遙か東南方の闇に閉ざされて戦場外にあり、砲声と船火事とを見て急航しても間に合わなかったであろうし、あるいは飛んで火に入ることを避けたのかどうか不明だが、もしも視界にあったら撃沈の運命に陥ったこと九割九分確かであったろう。要するに三川中将の第八艦隊は、出陣当初に多少迷っていた進路を好運にも乗り切り、そうしておそらくは首脳部の予期したところよりも遙かに優った戦果を、三十三分の瞬間時に成し遂げたものである。

日本の受けた損害は、旗艦「鳥海」の作戦室を射抜かれただけで、他の七艦は擦過傷も受けていない。そうして人員の損害は死者三十五名、傷者五十一名に過ぎない。敵側は死者千二百七十名、傷者七百九名という大犠牲だ。まことに比較にならぬ勝負であって、世界の海戦史上空前にしてかつ絶後である。艦隊の夜戦という意味でも未曾有の戦さだ。けだし日本海海戦で東郷平八郎が挙げた主力会戦とあわせて、世界の二大完勝記録と言って差し支えない。

東郷艦隊の日本海海戦における完勝は、その規模と影響とにおいて三川艦隊とは較べものにならないが、さりとて、巡洋艦隊の夜間急襲、しかも未知の海上一千キロの敵陣に突入して、「夜戦」を百パーセント成功させた記録は、世界海軍で真似のできない快挙たるを失わないのである。ましてその快挙が、大本営や連合艦隊の命令に基づいたものではなく、いな大本営では逆にその冒険を中止させようとしたほどの夜戦を、第八艦隊司令部の創意によって断行したところに日本海軍の誇りもあった。彼らは、アメリカの対日反攻の初動を知るや、その第一歩において痛撃をあたえねばならぬという戦略原則を即座に思い浮かべ、八月七日の午前に敵大挙上陸の確報を入れて、その日の午後二時には計画の大要を定め、二ヵ所にあった軍艦（カビエン港とラバウル港――その距離百二十マイル）を集結し、その夜の十時には出陣の喇叭《らっぱ》を奏したのである。

　その決断と迅速《じんそく》とがソロモン群島中央水道を突破する第一階梯をつくったのだ。もし一日おそかったならば一千キロの海上において確実に発見され、最大苦手の空襲を喰ったこと間違いなく、したがってあのような大戦果は得られなかったこと必定である。そこにはまた、前述した「夜戦」の自信が将兵全員の胸に堂乎《どうこ》として存在し、この帝国海軍の伝統戦法を活用すれば、千に一つも負ける気遣いなしという意気込みが、迅雷の艦隊殴り込みを決行させたことを見逃せないのである。

9　欣喜雀躍の大本営

国論も最大級の賛辞

アメリカ艦隊を文字どおり一網打尽に撃滅して、時計を見ると、まだ午前零時十分を過ぎたばかりだ。問題は、これからどう作戦するか、であった。反転して輸送船団を撃つか。このまま引き揚げるか。「鳥海」の作戦室——砲弾に射抜かれて、書類や器具が散乱していた——において、立ち話の緊急幕僚会議が開かれた。大西参謀長、大前作戦主任、神先任参謀ら数名が集まったが、話は簡単にまとまった。「至急引き揚げ」という方針で長官の裁断を待つことになった。

そこへ早川艦長が入って来て、「引き揚げるのですか」と問うた。戦後これが問題となって、早川大佐が反転攻撃を主張したが長官に抑えられ渋々ながら舵を北方に取って退いた、というように伝えられているが(長蛇を逸した意味)、事実は「引き揚げるのですか」と穏やかに質《ただ》しただけで、反対の意思を表示する態度は見られなかったという(注、これは幕僚たちの受けた印象であって、当の早川艦長は、船団撃滅に反転進撃したい欲求を肚の中に持って反問したのだと、その直系の将校から申達されている)。すなわち即時退陣は艦隊の総意であって、それはまた七日夜の出陣時に定められた方針でもあった。幕僚たちの意見を聞いた三川長官も、それは当たり前のことだという態度で即時に認可し、「全軍撤退。単縦陣。航路三百二十度。速力三十ノット」の命令を発火信号で伝えた。時計は零時二十三分を指していた。

戦時中は、この大勝利を疑う者は一人もなかった。三川艦隊の将兵全部はもちろんだが、大本営においても、連合艦隊司令部においても、これをミッドウェー敗戦の仇を討ったと称して溜飲を下げ、第八艦隊から「ツラギ夜戦」の名で報告したのを、重々しく「第一次ソロモン海戦」と訂正して、天下にその大勝利を発表した。

当時、大本営海軍部の報道部将校の説明は、「この一戦によって、米英はいっきょに世界第三流の海軍国に転落した」と言うのであった。当時の若い将校たちの気負い方を反映する物語の一つであるが、日本三大新聞社の一つがかかげた社説も、これを「帝国海軍の歴史においてもっとも輝かしい大勝利である」と謳歌し、国を挙げて祝い合ったものである。もちろん三川の報告にも誇大な点はあったろうし、前線からの勝報が過大に失するのは世界の通例であってあえて怪しむに足らず、「ソルトレーキ型大巡六隻撃沈、戦艦軽巡各一隻大破」という程度の報告は、闇の中の戦勝を伝えたものとして許してやってよかろう。いずれにせよ、当方が傷つかずに敵の大巡四隻を沈め、一隻を中破して、一千キロの大夜襲に成功したら、それを百パーセントの勝利と激賞して何の差し支えもないはずだ。そうだ、昭和二十年八月まではそのとおりであった。

ところが不思議なことに、戦後にいたり、この勝利に疑いを插《はさ》む者が現われ、はなはだしきは非難の声まで漏れるにいたったのはなぜか。疑義、または軽い非難の理由は、「三川が小成に安んじて主要目的を逸した」というのである。つまり、ルンガ岬とツラギ港外にあった輸送船団を撃たずに引き揚げたのは、九仞《きゆうじん》の功を一簣《いっき》に虧《か》くものであって、本当の勝利とは言いがたいと評するものである。これは聞き捨てならぬ言葉である。アメリカ政府も、すでにこの一戦を「立国以来の海上戦の敗北」と公認しているその立場から、この種の批判には異様の感をもよおすことであろうが、筆者もまたこれを「太平洋戦争中の日本艦隊の最高の勝利だ」と断言しているのだから、前記の批判を黙過し得ない立場にある。二、三稿を費やしてこれを検討しておこう。

右の批判なり、観測なりが、アメリカ側から生まれるならべつに不思議ではない。事実、それは最初はアメリカ側から生まれたのである。その張本人は、当時のヴィンセンズ艦長リーフコール大佐であった。リーフコール大佐は、後にニミッツ元帥に送った書簡のなかで、「日本艦隊の目的は沿岸に荷役中の輸送船団を破壊するところであった。しかるに彼らは、北方部隊（沈没した三大巡洋艦）が戦ったために、その目的をたっせずに逃走した。彼らは目的に敗れたのだ。ゆえに勝ったのはかえってわれわれアメリカ艦隊である云々」と主張した。負け惜しみもここにいたっては滑稽《こっけい》を嗤《わら》うほかはないが、しかし、そこには単なる笑談として捨てておけない事情がある。

第三章　残る戦略問題

1　商船では物足りぬ

軍艦を撃つのが海軍の常識

前掲リーフコール大佐が、サボ島海戦は、日本艦隊が主たる作戦目的を達成しないで退却したのだから、むしろ米艦隊の戦略的勝利だ、と奇説を述べた文中には、「日本艦隊は輸送船団を撃ちに来たのだ」という前提を主張している。リーフコール大佐は、その証言者として、三川艦隊の作戦参謀大前敏一、「鳥海」の副長加藤憲吉、第十八戦隊司令官松山光治（「天龍」坐乗）の三名を挙げ、これらの当事者が、船団攻撃を目的として出陣したことを確言したと述べている。

二十年九月以降、アメリカの海軍将校は戦史の資料を集めるために多数来日し、わが参戦幕僚を呼び出して各戦ごとに詳細に質疑を重ねたが、たびたび会っている間に懇意になる者もあり、打ち明け話も出るという実情であったが、その中で、サボ島海戦を担当していた調査官からつぎのような話が出た。

「三川中将は、サボ島でアメリカの巡洋艦を屠った後、なぜルンガ岬に反転して船団を撃沈しなかったのか。それをやられたら、アメリカは酷い目に会うところだった。荷役はまだ三分の一もすんでいなかったのだから、上陸した一万一千の兵隊は補給を失って孤立し、あるいはガ島から撤退することになって、アメリカの対日反攻はその第一歩において敗れたかも知れぬ――」

それを聞いた日本の将校中には、「本当に惜しいことをした。三川艦隊は絶好の勝機を逸したのだ」と、かんたんに信じて、せっかくの大勝利を割り引くものが現われた。日本側の大勝利に疵《きず》をつけることは、それだけアメリカの大敗戦の傷痕を軽くする意味もあろう。リーフコール大佐ほどの詭弁《きべん》ではなく、一応の理窟はあるかも知れないし、また、その海戦直後に、三川艦隊自身が「引き揚げるか、ルンガ岬に反転するか」を作戦室で協議したくらいだから、ここでその真相を究めて戦勝録の奥行きをつけておくことはぜひとも必要のことである。

三川艦隊の作戦原案には、「まずサボ島の南側より侵入して、ルンガ岬の敵の艦船を攻撃し、左転してツラギ方面に向かい、その付近にある敵の艦船を撃破して、黎明前にサボ島の北方に引き揚げる」旨が明記されてあり、参謀たちはこれを称して、「時計の針を逆に回す急襲夜戦」と称していた。あきらかに敵の「艦船」と言っているのだから、輸送船団を撃沈することも一つの目的であったに違いない。が、ここでハッキリさせておかねばならないのは、攻撃の主目標はあくまでも敵の軍艦であって、船舶の方は副次的であった一事だ。「艦船」と一句であらわしてはいたが、それは同列のものでもなく、その重要度の認識には多大の距離があったことだ。（注、艦隊から提出された公報には「艦船」と言わずに「主力」となっているが、本文ではその原案の文字を採った。その方が意味がわかりやすいからだ）

狙いはあくまでも軍艦で、商船は相手にとって不足、というのが、善悪適否はべつとして、帝国海軍の常識になっていた。三川たちがこの常識からはずれることは考えられない。緒戦スラバヤ沖海戦の前後、わが大巡の戦隊が敵の輸送船を幾隻も砲撃して捕獲したことがあった。後からしらべてみると、八インチ砲弾は商船の薄い舷側を左右に貫き、八インチだけの穴を開けただけで反対の海上に飛び去り、彼を撃沈するにいたらなかったことを発見した。やはり、主砲は軍艦を撃つために備えられたもので、商船相手には不向きだ、という笑い話に花を咲かせたことがある。

栗田艦隊のレイテ湾反転の裡にも、この常識に通ずる物語がある。レイテ湾に殴り込んでマックアーサーの輸送船団を撃破する任務を帯びた栗田艦隊は、湾頭三、四時間の近くまで迫りながら突入を中止して反転北上してしまった。理由はいくつもあるようだが、第一は、北方に予想された敵の機動艦隊と一戦を交えるためであった。それは連合艦隊命令に反する容易ならぬ変針であるが、栗田長官や小柳参謀長の胸裡には、問わず語りに、「商船よりも軍艦を」という海軍の伝統観念が動いていたのだ。

敵は一週間も前にレイテ湾に上陸したのだから、そこにあるのは空船だ。空船よりは、海上最大の怨敵《おんてき》たるハルゼー艦隊の空母に向かうべしという「海軍常識」がとっさに作動したのだ。陸兵を満載した船を洋上で屠るのは別だ。それが空になって繋いであるのを、危険を冒して攻めに行くのは、本来が愚の骨頂だとする思想である。三川艦隊の場合も、それに類する常識が幕僚の胸に流れていたことが想察されるのである。

2 好機を逸すとの批判

敵の船団は荷揚げの最中

たいせつな軍艦を、空船と心中させるような人は提督ではない。野原で敵の一兵卒と刺し違えるような男は将軍ではないのと同じだ。共に戦史の笑い草である。戦さの帰り途《みち》に、敵の輸送船団を撃つのならわかっているが、そのために反転深入りしてわが身をあやうくするのは暴走以外の何物でもない。ルンガ岬とツラギ港外にあった輸送船団は、果たして合理的に攻撃ができたであろうか。

八月九日午前零時、ルンガ岬には十五隻の船団が荷揚げの最中であった。正確に言うと、北東に砲声を聞いて多少の危険を感じたが、その日の朝まで荷揚げして一応撤退する予定だったので、様子を見ながら急ぎ仕事をつづけていた。

つまり、八日夜のマコーレー号（ターナー長官の旗艦）における三者会談の線に沿うて仕事をすすめていた。朝までには軍需品の五十パーセントを下ろすはずであった。対岸フロリダ島のツラギに赴いた船団八隻は、八日に、わが第二十五航空戦隊の攻撃を受けて荷役は止まり、数隻が被弾し、なかでもジョージ・エリオット号は火災を起こして全船殻に燃え拡がり、八日午後十二時ごろにも、紅の炎をツラギ港外の空高く上げて三川艦隊に方角を教えるという状態であった。すなわち二十三隻の輸送船団が、ガ島のルンガ岬、フ島のツラギに投錨していたことは事実だ。

それらは大きい獲物であるに相違なかった。一万六千人の海兵隊は上陸を終わっていたが、食糧弾薬は三分の一も揚がっていない。その船団をしずめてしまえば、敵の戦力は激減し、わが陸軍の奪還戦を支援することは甚大であったろうし、後に米軍将校の評したように、ガダルカナル戦は様相を一変していたかも知れない。

(注、陸軍の奪還戦は、一万一千人が守っているルンガ岬地帯へ九百六十人で攻めて行って全滅したのだから、船団の有無は事実上問題にはならなかった)

九日午前零時十六分、三川艦隊が、敵の軍艦だけを撃滅して攻撃を打ち切り、踵《きびす》を北方にかえして引き揚げてしまったのは、天与の好機を逸したもので、戦争の大局から見て遺憾であったというのが戦後の批判となったゆえんである。

果たして正しい批判であるかどうか。三川艦隊の大砲が、輸送船を撃滅し得たか、あるいは胴腹に穴をあける程度に終わったかは、ここで詮索しても益がなかろう。要は、「あの時間に」「あの環境裡に」三川がルンガ岬およびツラギ港外まで反転して、作戦を続行する余裕があったか否かの点にある。「あの時間」というのは九日の午前零時三十分と見ていい。「あの環境」というのは、敵の空母艦隊がルンガ岬から南方約百マイルのサン・クリストバル島付近にあると推定された状況である（事実そのとおり）。その時間から反転してルンガ岬に殴り込みをかけ、その帰航中にフレッチャー提督の空母艦上機に捕捉されずにすむかどうか、という距離と時間の問題に帰するのである。

敵の三大巡洋艦の火柱は沈没と同時に消えて、海はまた元の暗闇に帰った。はるか東方にジョージ・エリオット号の火災が空を染めてツラギ港の方向を示している以外には、海面墨を流したように黒く静まり、遠く僚艦の信号の閃《ひらめ》きが無気味に望見されるだけである。その海上に、三川の艦隊は三群に分かれて北々東に全速航海をつづけていたのだ。すなわち「鳥海」群の四隻と、「古鷹」群の三隻と、「夕凪」一隻とに分かれ、さらに細かく見れば、「鳥海」も列外東方二千メートルにあって、つまり四隊に分離されていたのだ。

この場合、新たに作戦を実施するためには、陣形を整えねばならぬこと言うまでもない。しかして艦隊再編成の第一の要は、各艦が速力を落としつつ所定の地点にあつまることである。夜間運動は日本艦隊の得意の術ではあるが、減速集合には最低三十分は必要である。ついで単縦陣を形成するためにはさらに三十分を必要とする。編成ができて全速力航行に入るまでにはさらにまた三十分を必要とする。すなわち一時間半が戦闘隊形完了の所要時間であるが、それから、想定戦場たるルンガ岬に達するためには、三十ノットで走って約一時間はかかる。すると戦場に到着するのは午前三時である。それが夜戦運動の訓練を積んだ艦隊の最少限度の所要時間だ。

ソロモン海の日の出は午前四時である。夜の時間は一時間しかない。その短い時間に、船団撃破と空襲離脱の両面を果たし得たかどうかははなはだしく疑問だ。いな、常識はその不成功を診断するであろう。

3 近海に恐るべき敵
空襲うければ全滅の危険

敵艦隊の撃滅を見とどけた瞬間、三川たちの頭に電《いなずま》のように閃いたのは「戦場離脱」であった。敵が亡びたのに、なぜに「離脱」の観念が即刻強烈に浮かんで来るのか。そもそも何から離脱しようというのか。言うまでもなく、敵の空母からの離脱である。敵は全部亡びたのではなく、じつはもっとも恐るべき敵は近海にいるのだ。

空母艦上機の恐ろしさは、三川艦隊が出陣のときから考えて終始念頭を離れなかったことは、すでに述べたところによってあきらかである。侵入に当たって好運にもそれをまぬかれ、目指す巡洋艦隊を猛撃中はそれを忘れていたし、事実、暗夜でその危険を感ずることはなかったが、いま夜戦が終わって引き揚げを策する段階となれば、空母禍はガソリンに火を点じたようにはげしく三川たちの胸裡に燃え上がって来るのであった。二ヵ月前、わが空母の主力四隻が、敵の艦上機に撃沈されたミッドウェー戦の記憶は、忘れようとしてもとうてい忘れ得ない胸底の痛傷であった。そうして三川の艦隊も、敵の艦上機に対しては無力である。いな、一機の護衛戦闘機も持たない第八艦隊は、ミッドウェーの南雲艦隊よりもはるかに弱体であり、空襲を受けたら三十分とは保《も》たないであろう。雷撃はさほどでもないが、急降下爆撃は、その家元であるだけに、珊瑚海でもミッドウェーでも、われに劣らぬ技術と勇気とを示した米海軍の艦上機であった。

これらの記憶は生々しく艦隊幕僚たちの胸にある。とくに責任重き長官とすれば、決戦の場合以外は、軍艦を失う損失の回避に注意をはらわねばならない。すなわち、暗夜に戦って夜明け前に離脱することが常識的に考えられたゆえんである。具体的に言えば、三川は、サボ島の南方に侵入して夜戦を戦った後に、日出時には同島の北方約百マイルの地点まで引き揚げるという計画だったのである。すなわち三川は、戦場の位置にもよるが、原則として夜戦を午前二時ごろに打ち切り、それから全速力（三十ノット）で北方に退避しようと胸算用をしていたのだ。敵艦隊を撃滅するまでは、夜が明けても頑張るというのは、無謀の猪突《ちょとつ》であって、智将の採るべき途ではなかったのである。

零時三十分だから、退避の予定時間までは一時間半もあって、その戦場で続戦する余裕はあったが、艦隊を再編してルンガ岬まで反転進撃することになると、戦闘開始が午前三時ごろになって、夜明けまでには一時間しかなく、大砲を狙っている時間も乏しいばかりか、かりに砲撃を三十分で切り上げるとしても、引き揚げの途中、サボ島の南面で敵の空母につかまってしまう計算である。これは冒険ではなくて無智乱暴の戦さだ。全然勝ち味のない戦さを、われから好んで行なうもので、三川艦隊の幕僚が、一議ただちに進撃を中止し、早々と帰途についたのはきわめて当然と言わねばならない。

もう一つの回避の理由は、ガダルカナル島に上陸した米軍の撃攘《げきじょう》が本来易々たる業であり、三川の艦隊が大危険を冒して支援するほどの仕事ではないと、簡単に信じていたことである。八月七日、陸軍首脳部（百武晴吉中将の第十七軍）と緊急打ち合わせを行なった席上、陸軍の幕僚は米兵の上陸をむしろ歓迎すべき事象であると再説し（第一回は七月三十一日の会見時で、要は米国の本国兵を痛撃して戦争の無益を反省させる好機という意味）、「陸軍が小部隊を送れば彼らを追い払うのは朝飯前の仕事だが、いますぐに兵隊を回す権限がない。大本営にはすぐに連絡はとるが、しかし、急ぐのなら海軍の陸戦隊だけでも十分だから、とりあえずラバウルにいる海軍の警備隊を派遣されてはいかん」と示唆《しさ》した。

陸軍当局以上には米陸軍を識るはずのない三川は、さらば陸戦隊でかたづけようと、北ラバウルの佐世保第五特別陸戦隊および第八十一警備隊合計三百十名（ほかに付属隊百名）を、遠藤海軍大尉の指揮に属して、八月七日夜ラバウルを出陣、途中敵潜に沈められたことは既述のとおりだ。

すなわち、陸軍は米国の上陸部隊を頭からなめてかかっており、一個大隊前後の日本陸軍をおくれば、米軍の追い落としは太鼓判で保証するという勢いであった。三川たちの頭には、その楽観すべき保証の言葉が活きていた。陸戦の方は、陸軍が易々たる業として処理してくれるであろう、自分は本業たる敵海軍の掃蕩を成し遂げたのだから、後は陸軍に託して何らの不安を感じなかったというのが、軽信の科《とが》は別として、早期退場の一つの理由でもあったようだ。

4　米船団は中途で逃げ帰る

物資揚陸を半分も果たさず

以上の解説により、三川が史上最初の艦隊夜戦を企て、予期以上の戦果を挙げて疾風のごとく引き揚げた大勝利に対しては、当時それにケチをつけるような片言隻語も現われなかった。戦後になってはじめてこれに難癖をつける批判が出て来たのであるが、その非難も、筆者はこれを笑殺していいと思う。

欲を言えば、午前零時三十分に敵艦隊を撃滅した直後、三川は艦隊の集合をおこなわず、「鳥海」一艦だけの翼を延ばして、ルンガ岬に急航し、沖合いにあった船団に八インチ砲弾の斉射を喰らわし、二時前にさっさと帰途につくという術《すべ》はあったろう。「鳥海」一隻の単独進航は海戦の定石に反するから、二番艦「青葉」を連れて行くことになろうが、商船撃ちの戦果はとにかく、ターナー提督を慄《ふる》え上がらせたことだけは確かだ。モウ一つ欲をくわえれば、ほかの快速大巡「加古」「衣笠」の二艦をツラギ方面に急派して斉射一巡させればおもしろかったろう。のこる四艦は夜戦終了時に別コースにあり、日出時にサボ島の北百マイルの地点で合流するよう命令しておけば、敵空母からの離脱には支障なく、そうして「敵の艦船を襲撃する」艦隊目標は達せられるのだから、戦果満点であったこと明らかである。しかし、それは神様の仕事で、人間の成し遂げる業としてはあまりにも理想に過ぎよう。人間業としては、敵の艦隊を撃滅していち早く空襲圏外に脱出することをもって満点としてよかろう。

いな、三川艦隊は、大戦勝を少しも割り引く必要のないことが、終戦後に明らかになった。前記のように「欲を言う」必要さえもないことがわかった。なぜなら、ルンガ岬にあった船団は、九日のうちに全部引き揚げてヌーメアの本拠地に帰航してしまったからだ。つまり、全部撃沈したと同じ結果になったからである。上陸軍の総指揮官ターナーは、フレッチャー提督の空母部隊が八日の夜に退却してしまったので、九日早朝に自分もヌーメアの基地に帰り、総司令官ゴームリーと協議して善後策を講ずるつもりであった。ところが、八日深更から砲声を聞き、明くれば、濡《ぬ》れ鼠《ねずみ》の水兵が駆逐艦でぞくぞくと運ばれて来るのを見、さらにアストリア号の炎焼中であることを聞き、その処理を勘案して帰航を延期し、九日午前十時、第一陣として船団八隻を大巡オーストラリア号に護衛させて帰し、午後二時に四隻を、夕刻に残れる全部を軽巡サン・ジュアン号に護らせて帰した。

公式記録によれば、第一陣は八月十二日の夕刻ヌーメア港に帰着し、第三陣は十三日の朝に到着している。いずれにしても、十五隻の輸送船団は、荷物を半分も下ろさないで帰ってしまったのである。その中には二十五パーセントしか下ろさない船もあったほどで(アルチバ号―八千トン級)、船の形はぶじに残っていたが、補給の点からみれば沈められたも同然であった。その結果、ガダルカナルに上陸した一万一千人の海兵隊は、四日分の弾薬で二週間を過ごすという危ない橋を渡ったのである。ツラギの五千名もまた同じ。

さらに、その期間の食事が一日二食に制限されたことは将兵の不平の種となった。将兵は結局我慢せざるを得なかったその一つの理由は、自分たちが荷物の運搬を拒否して満一日荷下ろしを遅滞させたという滑稽な物語をのこしていることだ。ルンガ岬にはもちろん港湾の設備はない。岬に沿うて砂浜が拡がっているその沖合いに錨《いかり》を下ろし、艀《はしけ》で浜辺へ運ぶのだが、輸送船団の側では、浜辺に下ろすまでが任務の限界であり、浜辺へ積んだ荷物には手をつけない。それらを奥地に運ぶのは上陸軍の仕事だという建前である。ところが上陸軍の方は、われらは戦士なり運送人にあらずと言い張って、荷物に手をつけない。狭い浜辺はたちまち荷物の山となり、船から下ろそうにも余地がない実情となって六時間以上停頓してしまった。結局は妥協ができて争議は解決したが、食糧の不足も運搬拒否に原因があるので、一日二食の不平も我慢することになったわけだ。話が横道に入ったが、いずれにしても、糧食弾薬は不足し、船団を撃沈されたのと同様の補給難に悩む二週間があったのだ。日本軍はそのときに大挙して攻めればよかったので（事実は不可能だったが）、三川艦隊の離脱は陸戦の上にはいささかの悪影響もなかった。

5　虎口を脱する思い

米空母艦長の追撃主張

わが第八艦隊が、船団攻撃のための反転を中止したことは寸毫《すんごう》もその戦勝を割り引くものでない事情はあきらかとなった。ところが、さらにそれを確証づけるのは、「空襲離脱の成功」であった。三川は、敵の巡洋艦隊を殲滅《せんめつ》したのを見るや、ルンガ岬への反転を止めて、一気にサボ島の北方百マイルを目がけて一目散に走った。そこまで脱出すれば、敵の空母艦上機も長追いはできないし、第一に、敵空母が長追いしてわが基地空軍の爆撃圏内に入れば危険は彼の方が深刻となるから、わが方は、ミッドウェーの二の舞いを蒙るおそれはあるまいと計算したからだ。ミッドウェーの二の舞いは、逆に敵空母の上に降りかかるので、フレッチャー提督はとうていそんな冒険はあえてしないだろうと推察された。だから、三川は、零時三十分の戦場離脱と同時に、ラバウルの第十一航空艦隊に急電して、掩護戦闘機および爆撃機の派遣を要請し、対空母作戦の万全を期したのであった。が、敵の空母はこの日も姿を見せずに終わった。

しかし、事実は、空襲の有無は紙一枚のところにあったのだ。敵の空母ワスプは、九日午前零時五十五分、サボ島海戦を知ってただちに出撃を準備した事実が戦後になって明らかとなった。すなわちワスプ号艦長シャーマン大佐は、ワスプ号の艦上機が夜戦の訓練を経ているのを幸い、駆逐艦だけを率いて、即刻日本艦隊の追撃を開始することを提議したのであった。強気のシャーマン大佐は、ワスプに坐乗していた司令官ノエス少将にたいして三回も出撃を要請力説した。しかし、ノエス司令官はついに握り潰して、これをフレッチャー長官に移牒《いちょう》することを拒んでしまった。かくて、三川艦隊は空襲をまぬかれる最後の好運をつかんだ。もしシャーマン艦長の急追案が実現していたら、三川はサボ島を遠く離れない以前に、暗夜敵機の空襲を蒙っていたはずである。

司令官ノエス少将が、シャーマン案を握りつぶしたのは、フレッチャー長官の意図を熟知していたからで、フレッチャー提督が「たった四隻しかない米国の正規空母はつとめて保全せねばならぬ」と主張して、サラトガ艦上の作戦会議でターナー提督（ガ島上陸指揮官）と激論し、さらに八日夜にゴームリー総司令官に空母部隊の引き揚げを電請して独断退避を実行しつつあることを現実に知悉《しっ》していたからだ。皮肉にも、ゴームリー長官から、「空母引き揚げ了承す」という返電が来たのは、九日午前一時二十五分で、ノエス少将が三度目のシャーマン大佐の催促を蹴った直後であった。

アメリカは空母の建造を大掛かりで促進中であったが、年内に浮かび来る見込みはなかったので、当分は、サラトガ、エンタープライズ、ワスプ、ホーネットの四隻で海上作戦をまかなわねばならず、その中の二隻を率いているフレッチャー提督としては、傍《はた》から見れば臆病と思われるほどに空母を大切にしたのも当然であった。これによって見れば、三川艦隊が戦勝に乗じ、船団撃破を狙ってルンガ岬に反転し、午前三時ごろにそこに到達して砲戦を再開するようなことをしたら、それこそ艦隊の命取りとなったであろうことほとんど疑う余地はない。

急遽反転しきたってわれを空襲するのは、ひとり空母ワスプのみではなく、サラトガも、エンタープライズも、躊躇《ちゅうちょ》なくきたって追跡爆撃を行なうように決まっている。夜間訓練のできていたのは、ワスプ号の六十二機であったが、他の二大空母も午前四時には艦上機を発進させることができ、その爆撃力は両艦あわせて八十一機であったから（前日のツラギ空中戦で十八機を失う）、合計百四十三機の大群が三川艦隊に襲いかかる計算である。

しかもその地点は、サボ島とルンガ岬の中間空域である。三川は逃げようにも逃げる場所がない。どんな結果が生まれたかは、もとより想像の限りではないが、「大打撃」を蒙ったであろうことは万々間違いなく、せっかくの巡洋艦隊撃滅の大勝利も一時に水泡に帰して、おそらくは日本艦隊の敗北という結果が現われたことであろう。三川は、空母ワスプ艦長の闘志を知るはずもなく、ただ敵空母が南方百マイル付近にあるものと想定して用心をしたのであったが、その勘が適中して虎口を脱することになった。武運は、よく戦うものの上に恵まれる、という戦訓を実現したのであった。

6　豪軍飛行士の大失敗

貴重なる八時間を空費す

アメリカがいかに空母を大切にすると言っても、必須の戦場に出撃をためらうような退嬰《たいえい》に陥るはずはない。現に八月七日、八日の両日にわたり、サラトガ、エンタープライズの両空母は上陸軍を支援して、ツラギおよびルンガ岬の上空を暴れ回ったのであるから、その後も、もし日本の水上部隊が爆撃圏内に侵入して来るようなことがあったら、空母部隊は好餌逸すべからずと殺到して来るに違いない。

それが、八月八日の白昼ついに姿を見せず、その夜半に戦場を去って南に退いてしまったのは、日本の艦隊が来襲するなぞとは夢にも考えなかったからである。すなわち米軍は三川艦隊の企図と行動とを皆目知らずにいたことが明らかである。さりとはあまりにも呑気《のんき》不用意であって、アメリカらしくない索敵の大失態と言わねばならない。三川が忍び寄った距離は、白昼の部分が六百キロ以上で、時間は十二時間以上であった。この長い忍び込みを知らずにいたとは信じられぬ滑稽事である。二ヵ月前のミッドウェー戦で、あれほど立派な警戒網を張ってみごとに日本艦隊を捕えた米軍が、限られたソロモン群島の海域で、日本艦隊の接近を全然知らずに逸し去るとは、まったく信じられぬ大過失で、彼ははじめから警戒をしていなかったのだろうと疑う声さえも漏れるほどである。ところがかかる失礼な想像とは異なり、警戒の網は綿密に張られて、日本海軍の一艦たりとも無断潜入を許さないほどに準備されていたのだ。警戒網は水上、水中、上空の三面に張られていた。トラック島からラバウル近海の間には、六隻の潜水艦が配備され、ラバウルからソロモン海全部は空中から、サボ島周辺は水上部隊による網が張られてあった。

とくに空中偵察は綿密であって、ラバウル近海からソロモン群島中部はマックアーサー大将の空軍が担当して、空の要塞B17とハドソン爆撃機（豪州空軍）とを隙間《すきま》なく飛ばし、それから南は、空将マッケーンの指揮する米国水上機部隊が担当し、母艦マキナックおよびマクファーランドから多数のカタリナ（水上偵察機）を飛ばして扇形に六百マイルを押さえ、しかして近傍の偵察をフレッチャーの空母部隊に託していた。まず水も漏らさぬ警戒といってよい。

果たせるかな、三川艦隊は、三回もアメリカの空中索敵機に発見された。第一回は、マックアーサー軍のB17がわが第六戦隊（「青葉」「加古」「古鷹」）の出撃をカビエン港から南下中に発見したもの、第二回は、八日午前八時二十六分、三川の全艦隊がブーゲンビル島の東側を南下中のところ、そうして第三回は、同九時一分、豪州軍のハドソン機がこれを再確認したのであった（第二回も豪州空軍の僚機で三川は北方に反転して意図を晦《くら》ましたが、元にもどって南下中を第三回目に発見された）。

さきにも述べたが、三川艦隊が主砲斉射によって撃攘したのはこの豪州空軍のハドソン機（FR―六二三号）であって、彼はもちろん飛び去ったが、三川は発見された以上、数時間後には空襲を受けるものと覚悟して南下をつづけた。

ところが、その飛行士は、おそらく豪州一という呑気者であった。彼は日本艦隊を発見した後、さらに受け持ちの空域を飛翔して午後二時半ごろ、ニューギニア島の南端ミルネ湾にある自軍の基地に帰着し、そこで、まず好物のアップル・パイでお茶を飲み、ゆっくり一服してから、さて、敵艦隊発見の報告を豪州タウンスビルにあるマックアーサー司令部に送った。タウンスビルの司令部がそれを受けたのは午後三時半であって、時刻のいちじるしく遅延しているのに驚き、急ぎそれをクラッチレー（水上部隊司令官）と真珠湾本営とに転電した。前者は午後四時半に受電し、長官ターナーは四時四十五分に、真珠湾来電でこれを承知した。

すなわち、三川艦隊発見のときから八時間が空費されていた。米豪の偵察機には無線は封止されていたが、緊急の場合は打電すべし、という命令を受けていた。豪州の飛行士は、発見を緊急とも感じなかったらしく、また、そのまま基地に帰れば午前十一時には到達するものを、それもしないで巡航をつづけ、三時ごろ帰り、リプトン紅茶を一杯飲んでから、ゆうゆうとそれを米軍ならぬ豪州本国に打電したというのだから、呑気さ加減は譬《たと》えようがないと言っていい。

7　致命的な艦種の誤認

眠っていた米国艦隊の事情

豪州一、というよりもおそらくは世界一のノンキな飛行士が、三川艦隊の発見を八時間も過ぎてから報告したのは、今日でも大きいニュース価値を持つくらいだが、彼が犯したモウ一つの大過失は、米軍の作戦計画を狂わす大きい原因となった。それは三川艦隊の編成内容を完全に誤認したもので、報告内容はつぎのとおりであった。

ブーゲンビル島東方を日本の艦隊南下中。巡洋艦三、駆逐艦三、水上機母艦二、コース百二十度。速力十五ノット。

当たっているのは合計隻数だけで、艦種はまったく当て推量。とくに「水上機母艦二隻」というのが致命的の誤認であった。

ガ島上陸戦総指揮官ターナー提督がこの報を手にしたのは八日午後四時四十五分であって、その時刻では空軍の支援を請うのも遅いし、また水上部隊を遠く北上させて迎撃を策することもちろん考えられなかった。十五ノットの速力で南下する敵艦隊がガダルカナル島の近海に現われるとすれば、それは早くて九日の午前八時前後であり、またおそらくこの危険海面には現われないであろう。日本艦隊の目的地は多分サンタ・イサベル島（サボ島の北百五十マイル）のレカタ湾であり、そこに水上機母艦の基地を補強して、九日には、八日同様の空襲をツラギおよびルンガ岬に指向するであろうと判断した（レカタ湾にはすでに日本の小さい水上機の基地があった）。

かくてターナー提督は、米軍の水上機部隊指揮官マッケーン少将に電話し、翌早朝レカタ湾を空襲することを命ずる一方、水上部隊（巡洋艦を主力とする例の警戒部隊）にたいしても「空襲」を警戒するよう指令した。奇襲を得意とする日本軍であるから、九日の空襲はあるいは日出前に行なわれるかも知れず、暗夜の対空警戒も疎《おろそ》かにしてはならない旨を注意したのであった。前に実戦記のところで紹介したように、アメリカの巡洋艦隊がその八インチ主砲を準備しておらず、対空砲火のみを動員していたのはすなわちこの指令の結果であって、ハドソン機飛行士の報告が正しいものであったら、このターナー提督の命令も正鵠《せいこく》を射たものであったのだ。また、ターナー提督が午後十時に旗艦マコーレー号において三将会議をもよおし、輸送船団は九日早朝にはいったんルンガ岬を去る旨を宣したのも、前記日本の水上機母艦二隻から敢行されるであろう空襲に備えて退避を策したものに相違ないのだ。

フレッチャー提督の機動部隊はすでに退避を決意して南航につき、九日早朝の上空支援をのぞめないとすれば、自らの足で避けるほかはなく、そうしてクラッチレー少将の警戒艦隊は、自らの高角砲によって日本の水上機を撃ち墜《お》とす計画で、八月八日の深夜を迎えたのであった。一人の飛行士の鈍重なる神経が、このような惨敗の因をつくろうとは、人間の想像を許さないものであった。

これをもって見れば、米艦隊は八月九日の日出以後の作戦準備をしていたもので、その三隊に分かれての警戒巡航（速力十ノット）は、日本機の未明空襲に備えたもので、日本の水上部隊が暗夜来襲するなぞは、冗談にも話題に上らなかったのだ。現に、将兵は二昼夜にわたる上陸掩護のためにいちじるしく疲れ、艦長たちは十二時に交替してたちまち死んだように眠り、少数の見張員も眼がどんよりと曇っていた。そこには「緊張」というものがなかった。

第一に、総指揮官のターナー提督が、午後十時半に海陸の司令官（クラッチレー提督とヴァンデグリフト将軍）を自己の乗船に招致して会議を開くという状態だ。日本の水上部隊が侵入する危険なぞは念頭になかった証拠である。万一の用意としては、レーダーを装備した駆逐艦二隻――ブルー号とラルフ・タルボット号――がサボ島の北方に哨戒線を張っているのだから、日本艦隊の来襲は二万ヤード前方において捕捉し得るはずだ。安心していてよろしい、万事は九日の朝になってからのことだ、そのときの対策を協議しておこうというので、マコーレー船上の三者会談となったわけである。したがって、日本の水上艦隊が夜間来襲するという観念は、部下の艦長たちには全然通報されていないし、また艦長たちは自分の司令官が警戒陣をはなれてルンガ岬に出張していることももちろん承知せず、いわば半分眠りながら九日の午前零時を迎えたわけである。米国評論家の言葉に“sleeping Ships”とあるのがそれであった。

8　珍しく敗戦を秘す

反攻の緒戦における失態

アメリカの水上部隊の配備は万全に近いものであった。大巡六、軽巡二、駆逐八から成る艦隊を三分し、南方部隊は大巡オーストラリア、キャンベラ、シカゴおよび駆逐艦二をもってサボ島とエスペランス岬の間を巡回し、北方部隊は大巡アストリア、クインシー、ヴィンセンズおよび駆逐艦二をもってサボ島とツラギの間を巡警し、他の一隊は軽巡サン・ジュアン、ホバートおよび駆逐艦二をもってルンガ岬東方のレンゴ海峡を守っていた。

そうして最前線を警戒するために、駆逐艦ブルーと、ラルフ・タルボットの両艦がサボ島の北部海面に進出してパトロールを続けていた。この両艦には、米海軍が採用したばかりのレーダー（SG式）が装備され、暗夜でも二万メートル遠方の艦影を捕える能力があるものと保証され、満々たる自信をもって警戒陣を張っていたのだ。ところが八日午後十時三分、日本艦隊の見張員は八千メートル以上の距離においてブルー号を発見し、さらに二分後、七千メートルの距離において左舷にラルフ・タルボット号を発見している。三川は巧みに操艦して彼らの中間を抜けて侵入したのであった。かくて問題のレーダーは、その第一戦においては、日本海軍見張員の、猫の眼を凌ぐ透視力に負けて、敵艦隊の警戒線突破を許してしまったのである。

それから後の戦況はモウ繰り返す必要はなかろう。アメリカは対日反攻の緒戦において、その護衛艦隊を撃滅され、敵にはほとんど損害をあたえない完全敗北を喫した。この敗北はワシントンに水爆的衝撃をあたえた。ほとんど信じ得ない負け方である。ホワイト・ハウスも海軍省も、これをアメリカの国辱と感じた。真珠湾で受けた打撃はもとよりはるかに大きいが、アメリカはこれを敗戦とは考えていない。戦争をはじめる前に不法なる闇討ちを喰った結果であって、アメリカ海軍の実力をしめす戦闘ではなかった、というのがその理由である。ところがサボ島海戦は、宣戦後八ヵ月を経て、アメリカが積極作戦に乗り出したその第一歩を痛打されたもので、全敗を弁護する理由は全然ない。珊瑚海で五分に戦い、ミッドウェーで勝利をおさめ、鼻高々であったアメリカ海軍は、内外に顔を向けることができなくなった。

そこで珍しいことだが——おそらくは唯一の例と思われるが——アメリカはこの海戦の発表を握り潰して、国民に秘したのであった。よくよく恥辱と思わない限り、パブリシチーを国民の基調とするアメリカが、戦闘の勝敗はもちろん、その生起した事実さえも厳秘に付してしまうなぞはとうてい想像もおよばない現象である。が、彼は沈黙の我慢を重ね、二ヵ月後の十月十二日、エスペランス岬沖の海戦で勝った機会に、二つを同時に発表してかろうじて面子《メンツ》を立てたのであった。

(注の一) 一九四二年八月九日の米国海軍省発表の全文はつぎのとおり。

「ソロモン群島方面において戦闘継続中なり」 "Operations are continuing in the Solomon Islands area"

(注の二) ソロモン方面から帰国した新聞通信社特派員たちには厳しく喊口令《かんこうれい》が布かれた。

(注の三) 十月十一日の深夜、米国のスコット艦隊は、レーダーをもってわが巡洋艦隊を捕捉急襲し、大巡「古鷹」を沈め司令官五藤存知少将を戦死させた。

前軍令部長ヘップバーン大将を委員長とする査問委員会が設けられたのはその年の十二月であった。ヘップバーン提督は、副委員長ラムセー大佐を太平洋海域に派し、サボ島海戦に参加した将校の多数に面接させて実相を究めたのち、長大なる報告書を海軍省に提出した。数個の敗因を詳述した結論は、

「敗北の根本的原因は敵艦隊が成就した完全なる奇襲にあること疑いを容れない。"the complete surprise achieved by the enemy"」

という一句であった。

太平洋方面総司令官ニミッツ大将は、右の一句に無条件に同意した後、他の一つの原因として、「わが将兵が幾分闘志に欠けていたことを反省せねばならぬ」と付言して爾後戦意の旺盛ならんことを要求した。戦意の旺盛と言えば、三川艦隊がソロモン水道を出撃南下中、わが将兵がいかにその夜の一戦を期して戦意に燃えていたかは既述のとおりであり、ニミッツ提督の警告は図星を指したものと言える。

戦闘と運とは不可分のものであるが、好運は多くの場合、もっともよく訓練された者の上に恵まれるもので、三川に恵まれた多くの好運は、連合艦隊の伝統として積まれた夜戦の訓練とその自信の上に降って来たものであろう。

いずれにせよ、世界史はじめての艦隊夜戦を企て、そうして敵に「有史以来の大敗北」を喫せしめた第八艦隊の戦功は、日本海軍も「こんなに勝ったのか」と、現代人を驚かすだけの実績を世界戦史の上に止めているのである。

9　戦勝の名を不朽に

古戦場の名称は〝鉄底の瀬戸〟

米海軍の傷跡は深く刻まれて容易に消えなかった。それから二年あまりを過ぎた昭和十九年十二月十八日、全勝のハルゼー艦隊が太平洋上で稀有の台風に襲われ、駆逐艦三隻転覆、大巡二隻、軽空母十隻、駆逐艦九隻が大破するという大損害を蒙ったことがある。そのときのハルゼー大将の報告に、「太平洋戦争中、アメリカ海軍がこのような大損傷を受けたことは、一九四二年八月のサボ島海戦以来はじめてである」と言っているのは注目に値する。すなわち、いかにサボ島敗戦の被害の記憶が米国海将たちの心に深く刻まれていたかを知るに足ると同時に、第八艦隊の戦勝がいかに完璧であったかを証する有力なる資料である。

それは一つの「パーフェクト・ゲーム」であった。筆者は、戦後放棄されていた戦艦「三笠」——日本海海戦時の東郷元帥の旗艦——の復活を主張する論文の中で、日本海海戦を野球のパーフェクト・ゲーム（完全勝利）にたとえてその華々しかった戦勝記録をえがいたことがある。日本海海戦とサボ島海戦とはもとより同日の談ではない。一は主力艦隊の決戦、他は分遣艦隊の夜襲戦。規模も、影響も、性質もちがう。いわば前者は野球なら日本シリーズの決勝戦、後者は甲子園大会の地方予選といったところだ。ただ、その試合において、ノー・エラー、ノー・ヒット、ノー・ランのパーフェクト・ゲームが演出されたことは相同じである。

砲雷口径	日本	米国
八インチ砲	一、〇二〇	一一七
五・五インチ砲	一七六	〇
五インチ砲	〇	三八〇
四・七インチ砲	五九二	〇
二四インチ魚雷	四九	〇
二一インチ魚雷	一二	八

東郷平八郎は、主力艦隊の決戦において完勝の世界記録をつくった（一九〇五年五月二十七日）。三川軍一は、水上艦隊の夜戦においてそれをつくった（一九四二年八月九日）。わが連合艦隊がその半世紀の歴史において成就した二つの世界レコードの一つである。日本海海戦における戦死者数は、日本の百十六名に対しロシアの四千五百二十四名であった。サボ島海戦における戦死者数は、日本の三十五名に対してアメリカは、千二十四名に上った。共に勝利の徹底ぶりを語る数字である。なお、三川艦隊は、この夜襲のために往復じつに二千キロを走ったのである。しかも戦場は未知の海面で、海図は不完全であった。その遠い新戦場に、闇を衝いて突入したことは、帝国海軍伝統の「攻撃精神」が燃えていた証拠としても回顧に値するものである。

その奇襲夜戦において三川艦隊は、おもしろいように撃って、おもしろいように当てた。両軍の撃った砲弾と魚雷の数を比較すると右表の通りで、われは主砲で十倍、魚雷で八倍を撃って高い命中率を上げ、敵は大砲四百九十七発を撃って三発か四発しか当たらなかった。まさに完全に奇襲された軍の敗形の見本である。アメリカの評論家が「信じ得ないほどの敗戦」と言ったのは公平な批判であり、それは日本の側から見れば、「信じ得ないほどの大勝利」ということになる。筆者は、諸記録を、日米双方から集めて戦況を公平に描いたつもりだが、あるいは「お国びいき」として割り引きする人もあるかも知れない。

それなら、もう一つ、英語の上で、勝敗の徹底ぶりを証明しておこう。アメリカでは、この古戦場に“Ironbottom Sound”の名をつけて、それを世界名とし、今日では地図の上にハッキリとプリントされている。区域はサボ島の南東十マイル平方の海面で、訳して「鉄底の瀬戸」とでも言おうか。

そのせまい海域の底に、四隻の大型巡洋艦と一千余名の戦友が葬られており、常時、この海峡を通航する米海軍の将兵には、悲しい思い出がつきなかった。また、軍艦がそこを通ると、海底の鉄の作用で磁気応用の諸機械が反応を受けるので、できるだけ避けて通るのが戦時中の慣行となり、水兵の間に、自然とアイアンボットム・サウンドの名称が生まれ、呼びならされて公式の海域名に固定されたのである。

三川艦隊は、期せずして、その戦勝の名を、不朽のものとして世界地理の上に残した。

付記——筆者は伊豆の川奈ホテルにおいて終わりの数項を書いた。そこから大島を眺める風景は、ちょうどガ島のエスペランス岬からサボ島を見る景観に似ていることが想像されて、心豊かに筆を進めることができた。

第四章　海空戦の初勝利（サンタ・クルーズ海戦）

1　ガ島周辺で六海戦

三勝二敗一引き分けの激闘

サボ島海戦は、ガダルカナル争奪戦に関する第一回目の、そうして未曾有の勝利をおさめた海戦であったが、その後引き続いて、昭和十七年中に五回の大きい海戦が行なわれた。小規模の海空戦は幾十を算するが、世界名を付されて戦史に残るものが六つある（注、このほかに翌十八年一月末に行なわれたレンネル島海戦を加えると七大海戦とも言える）。

次頁の表がそれであって、太平洋戦争中の海戦数の約半分を占めている。規模は、ミッドウェー、マリアナ、レイテの三大海戦におよばないが、その重要性において甲乙をつけがたい大海戦がすくなくとも二つあった。前述のサボ島完勝戦と、これから述べようとするサンタ・クルーズ海戦がそれである。その他の四つも、みな日米戦争の勝敗に影響をおよぼした海戦であって、ガダルカナル島の両国必死の争奪戦は、それらの海戦の勝敗に比例して一喜一憂を六ヵ月間も反復したのであった。十七年十月、大統領ルーズベルトが、米国がガ島を放棄した場合の戦略的得失ならびにアメリカ国民の志気におよぼす影響について、関係各方面に審査を命令するほど心を痛めた一事によってもわかろう。

六ヵ月にわたるガ島争奪戦（十七・八——十八・二）はまさに日米決戦の分岐点であったが、それはまた、太平洋戦争の縮図でもあった。陸戦の方はすでに詳述したが、海戦にも空戦にも、両軍は全力を挙げて戦い、共に大なる犠牲を払った。とくにガ島戦からソロモン戦にかけて、日本が空軍七千余機と八千人に近い優秀パイロットを失った一事は、戦争終局の敗北を決定づけるほどの悲劇を生んだ。

皮肉なことに、昭和十七年五月までは、日本も米国も、ガダルカナルという島のあることをまったく知らなかった。同年五月二日、対岸フロリダ島のツラギ要港を占領したわが海軍が、付近を偵察中に、飛行場に適する平地のある島を西方に発見した。これがガダルカナル島で、長さ八十マイル、幅二十五マイルで、ちょうど栃木県の大きさの無人島（西岸に約四千の原住民が散在していた）とわかった。海軍は六月に少数の陸戦隊と設営隊とを送って飛行場の建設に着手し、八月から離着陸可能の程度まで進捗《しんちょく》した。

敵の偵察機がこれを発見したのは七月四日であった。これは超重大事。ツラギよりはまずこの飛行基地を占領することに軍議一決し（ツラギを占領し、これを基点として、ラバウルを奪回する対日反攻作戦——Operation

海戦名	（月・日）
サボ島海戦	（八・九）
東ソロモン海戦	（八・二四）
エスペランス岬海戦	（一〇・一二）
サンタ・クルーズ海戦	（一〇・二七）
ガダルカナル海戦	（一一・一五）
タサファロンガ海戦	（一一・三〇）

	日本		米国	
	（隻）	（千トン）	（隻）	（千トン）
大空母	○	○	二	三四・五
軽空母	一	八・五	○	○
戦艦	二	六二・○	○	○
大巡	三	二六・四	六	五六・九
軽巡	一	五・七	二	一二・○
駆逐	一一	二○・九	一四	二三・八
潜水	六	一一・三	○	○
計	二四	一三四・八	二四	一二六・二

Watch-tower ——はすでに決定準備ずみ）、ただちにヴァンデグリフト中将の第一海兵師団を派して、これを占領したのは八月七日であった。制式上陸戦の体制で一万一千名が殺到し、苦もなく日本兵二百名を追って占領を完了した。

日本はただちに奪還に向かった。が、あまりにも米国陸軍をなめてかかり、第一回は九百名（一木清直大佐）、第二回は四千余名（川口清健少将）をもって一日で奪回しようとして全敗、第三回目に丸山政男中将の第二師団を向けたが、時すでにおそく、第四回目の増軍は海空を制せられて立ち往生に帰し、ついに半歳後に総退却となったのである。ラバウルの本拠からソロモン群島の南端（ガ島）までは航程六百マイル。そこに兵員、食糧、弾薬を護送補給するのが海軍の任務であった。その輸送を阻止して、ガ島の日本軍を餓死あるいは討滅しようとするのがアメリカ海空軍の主目標であり、その最善の方策は、敵の海軍を撃滅することに帰着し、そのために双方が全力を挙げて戦うことになったのである。

ガ島戦期間中の海空軍の犠牲は、第一線機八百九十二機、一流空の戦士二千三百六十二名

（後のソロモン戦を合わせて七千九十六機）に上り、わが海軍の常備空軍の精鋭の残り大部分（ミッドウェー以後）を失ったが、海軍水上部隊の七回の海戦による犠牲も軽微ではなかった。日米両軍の喪失隻数とトン数とを表示すれば前頁表のごとく、喪失率同等で激闘を反復したのであった。そうして後に書くように、海戦の勝負は、日本三勝二敗一引き分けに終わった。

2　機動艦隊の初登場

サンタ・クルーズ海戦

サンタ・クルーズ海戦（日本名、南太平洋海戦）は、新しい戦術のもとで戦われた世界最初の、また最大の海空戦であったといえよう。奇《く》しくも、日米両海軍が新方式の戦法を同時に考案し、全力をそそいで相撃った興味深大なる海戦であって、その「新海戦」でも日本側に凱歌《がいか》が挙がったのは、いささか自ら慰めるに足る連合艦隊の最後の記憶ともなるものであった。

昭和十七年十月二十六日、両軍は航空母艦の全力を挙げて、直径二百五十マイルの広大なる戦場に相見《あいまみ》えた。日本は「翔鶴」「瑞鶴」の大空母に「瑞鳳」「隼鷹」の軽空母を加え、米国はエンタープライズ、ホーネットの大空母をもって対抗した。それらは当時における両軍空母の全力であった。開戦時における両国の空母勢力は、日本が十隻、十九万九千六百トン、米国が八隻、十六万七百トンであり（そのなかで速力三十ノット以上の制式空母は日米おのおの六隻)、他のすべての艦種において劣勢であった日本が、ひとり空母において米国を凌《りょ》駕《うが》していたのはとくに注目に値する現象であった。

開戦後半歳にして日本は制式空母四隻、軽空母二隻を失い、米国は制式空母三隻を失い、サラトガは戦傷入渠中《にゅうきょちゅう》であって、太平洋に残っていた全力は大空母おのおの二隻という実情にあったのだ。

もちろん、両国は超緊急事として空母の新建造に突入したが(日本は「大鳳」「信濃」「天城」「雲龍」「葛城」以下商船改造。米国はエセックス以下十余隻と多数の商船改造)、昭和十七年十月の現勢力は、両国とも大空母二隻しか持たない心細い状態に追い込まれていたのだ。しかも、両軍は、心細さに尻込みすることはゆるされなかった。いな、その反対に、二隻しかない敵の空母を叩き潰してしまえ、という戦意を燃やして睨《にら》み合った。これよりさき、八月八日、米国空母部隊長官フレッチャー提督が空母を出し惜しんでわが三川艦隊の奇襲を成功させ、それが主因となって幹部の更迭《こうてつ》を見るにいたったことは既述のとおりだ。ゴームリー提督に代わって着任したハルゼーは名にし負う猛将。かりに空母二隻が嚙み合って共斃《ともだお》れとなっても、補充建艦はアメリカの勝ちに決まっている。驀進《ばくしん》せよ、と厳命して一歩も譲らなかった。

戦艦、大巡、駆逐の各艦は日米とも相当に持っていたが、制式空母はおのおの二隻しか持っていない。その二隻を「主力」として、両軍はサンタ・クルーズ島沖で相見えたのだ。開戦後半歳の間に、海上決戦の主力は、戦艦から空母に替わってしまった。戦争以前から「空母中心主義」の議論は存在し、日本でも昭和十二、三年ごろから「戦艦無用論」が航空関係の中・少佐級によって絶叫され（源田実はその急先鋒の一人）、上層部はこれを持てあましたものだが、とにかくも戦艦中心主義で戦争を迎えた。

ところが、真珠湾、インド洋、珊瑚海、ミッドウェーと続発した実戦の経過に徴し、空母が海戦の主力であることは一点疑いのない事実となった。爆撃機や雷撃機が携行する爆弾や魚雷には眼がついていて、二百マイル以上の遠距離で敵艦を沈める。戦艦の巨砲は盲目で、四万メートルが最大限だ。とうてい競争になるわけがない、という航空中心主義が現実の勝者となったのだ。戦艦以下の各艦にも応分の使命と威力とは残存するが、制海権の根幹となる敵の主力艦隊を潰《つぶ》すのは、空母の甲板から飛び立つ飛行機であり、すなわち主戦兵器は、大艦巨砲から空母航空機と転換され、海上決戦の勝敗は、後者の運用によって定まるという新しい戦術思想が確認されることになった。

これに目覚めた時期は昭和十七年晩春のころであって、日本海軍もアメリカ海軍もほとんど同時。かりに前後の差があっても一週間とは違わないほどの好取組であった。かくて日本にはじめて機動艦隊（第三艦隊）ができたのは十七年七月十四日であった。それまでは、作戦ごとに付属部隊を他の艦隊から寄せ集めて編成していたので、指揮の上にも訓練の上にも遺憾の点があったが、その日から、戦艦二隻以下二十四隻の艦隊が、空母を中心として独立新設され、司令長官に中将南雲忠一、参謀長に少将草鹿龍之介を配して南部太平洋の戦場に進出することになった。

3　四大空母があったなら

恨みのミッドウェー敗戦を顧みて

中将南雲忠一は、ミッドウェー敗戦の責を負うて他に遷《うつ》されるのが常識のようであった。現有一流空母六隻の中の四隻を一挙に失った失敗（「赤城」「加賀」「蒼龍」「飛龍」）は決定的に重大であった。いまさらミッドウェーの敗戦を嘆いてもはじまらないが、この冒険作戦の失敗がなくて大空母四隻が生きていたら、米軍のガ島進攻は許さなかったであろうし、少なくともその奪回は容易であったし、また、ソロモン海の諸海戦はおそらく日本がことごとく勝って、戦争の大局に大きい変貌を呈したことであろう。

ミッドウェー島占領作戦は、大将山本五十六（連合艦隊長官）の強硬なる主張が他を制して断行されたもので、発案から決定までには二ヵ月以上も是非の論争が繰り返されたのであった。軍令部は、その冒険性と維持の困難性とをもって山本を説伏しようとしたが彼は屈しなかった。軍令部もついに兜《かぶと》を脱いで進攻戦に同意したが、今度は大本営陸軍部が反対し、その間いくたの応酬が反復された後にようやくまとまった作戦であった（ガ島奪回の第一戦に派遣されて全滅した一木大佐の連隊は、ミッドウェー占領の任を帯びて進航中に中止となり、もどってグアム島に帰還の日を待っていたものであった。ミッドウェー敗戦を秘する政策の一環として長く留めおかれ、たまたまガ島戦に好便に転用されたのである）。

山本のミッドウェー戦強行には、彼一流の戦略眼があり、さきに真珠湾攻撃がそうであったように（海軍首脳は最初は反対）、結局は軍令部総長（永野修身大将）が譲歩して山本にやらせたものであった。島の占領は山本の主目標ではなかった。彼のねらいは、これを囮《おとり》としてアメリカの空母艦隊を誘い出し、それを撃滅して太平洋の制海制空を全うすることであった。米国の補充力ははるかにわれに優り、長期戦では絶対勝味はないが、空母群をたいらげて一年でも二年でも太平洋を制しておけば、他に道が拓《ひら》けるかも知れぬというのが、山本の戦略眼であり、また、そのほかに海軍の打つ手はないと信じて動かなかったのだ。それはたしかに一つの見識であった。が、敗因は、焦躁と驕慢《きょうまん》と油断とに起因して、四対一で大敗してしまった（われは四大空母を失い、彼は一隻を失う）。インド洋遠征から帰国して休養整備のいとまなしに出陣した。戦力を過信して敵をみくびってかかった。人心に隙があって、作戦が事前に敵側に漏れていた。

本文ではそれらの真相を詳述するいとまはないが、二回にわたる緒戦無疵《むきず》の大勝は、わが軍全体に「驕《おご》り」を生じ、アメリカの軍艦に会えばかならず撃沈し得るものと過信したところに誤算の根が伸びたのであって、それはだれだれという個人を挙げて追究すべきものではなく、軍民全般の責といっても過言ではなかった。が、敗戦の直接の原因はほかにあった。索敵の疎漏がそれであった。

もちろん、索敵を怠ったわけではない。六月五日午前一時三十分（日出は二時）、ミッドウエー島への爆撃隊を発進させた直後に、日本も、万一の用意として索敵機を東北海面に三機（「利根」の水上偵察機二機と「榛名」の一機）、南西海面に二機（「赤城」「加賀」の攻撃機各一機）を放った。ところが、肝腎の「利根」の水偵機は故障で出発が三十分遅延し、あまつさえ一機は視界不良の理由で途中から引きかえし、一般に索敵が不良であった。

かえりみれば、南雲長官の四日夜の状況判断にも、「敵空母はミッドウェー付近の海上には行動し居らざるものと推定す」とあって、敵機動部隊に対する注意を怠っていた。その怠りが幕僚全部の態度であったから、索敵機の搭乗員も自然と気がゆるんでいたものかも知れない。かくて索敵第一線の「利根」の水偵機が敵空母の一群（ヨークタウン号、巡洋、駆逐各五隻）を発見報告してきたのは午前五時二十五分であった。いずくんぞ知らん、敵の水偵機は、午前二時三十分にわが空母部隊を発見し、六時二十分には爆撃機の大群がわが艦隊の上空に殺到したのである。そのときわが空母は、艦上飛行機の爆弾を陸上用（軽爆弾）から海上用（対軍艦用の徹甲弾）に転装中であったため、手足を縛られてしまったようなものだった。その上に、帰還攻撃機の収容に専念中でもあった。とにかく手遅れも酷《ひど》すぎた。

4　機動艦隊の誕生

南雲と草鹿のコンビ

猛将南雲忠一は、ただちに自決の意を固めたことが明らかに認められた。日本海軍の主力艦六隻中の四隻を、作戦不手際のためにいっきょに喪失したとあっては、陛下にも国民にも合わす顔がない、真珠湾の戦功と帳消しにするような自己弁解の心は微塵《みじん》もなかった。彼は実戦派の雄として知られ、知謀よりは勇猛、責任至上主義とでも呼ぶような人柄であったから、四艦の燃えながら沈み行くのを見てどう決意するかは、誰人にも容易に想像ができた。同時に先任参謀大石保大佐、作戦参謀源田実中佐ら幕僚一同の決意もそれと同断、腹を切ってお詫びするという方向に一致していた。後から沈んだ「飛龍」坐乗の司令官山口少将、艦長加来大佐の自決と同じ心であった。かくて一同意見を統一して、参謀長草鹿少将の病床に赴いた。

草鹿は大火傷《おおやけど》と捻挫《ねんざ》のために病室に呻《うな》っていた。大石参謀はそこを訪うて長官以下幕僚一同の決意を伝え、参謀長の賛同を求めた。すると草鹿は鬼のように立ちなおってこれを制止し、「自決はイトやすい。が、われわれは難きにつかねばならぬ。恥を忍んで後日を期し、この仇を討って後に裁判を受けよう。われわれは航空戦の専門家として育てられてこの大戦に臨んだ。自決して後をどうするか。長官には俺から頼むから一同を待たせてくれ」と切々として説く主張に、大石も黙して辞するほかはなかった。

翌六日、参謀長草鹿龍之介は、旗艦「大和」に山本五十六長官を訪い、落涙のうちに戦況を詳しく報告した後、「今生のお願いとして、モウ一度われわれが空母で戦い得るよう人事の斡旋《あっせん》を懇請する」旨を訴えた。

山本は静かにうなずいた。そうして、当然に空母部隊の指揮官以下を一新しようと考えていた軍令部に先手を取り、南雲を長官に、草鹿を参謀長とする新空母艦隊の創設を上申したのであった。

最高指揮官は、その艦隊と運命を共にするという英国流の海軍思想は、日本でも半ば伝統となっていたが、ミッドウェー敗戦の場合を期として、「技能保全主義」の思想が導入されることになった。

英国東洋艦隊の旗艦プリンス・オブ・ウェールズ号が、マレー沖海戦でわが海空軍に撃沈されたとき（昭和十六・十二・十）、司令長官フィリップス提督は、幕僚たちの退艦懇請に対し、「ノー・サンキュー」と微笑して沈んで行ったことは、今日までも英海軍の美譚《びだん》として伝えられている。

大きな軍艦が沈んでゆくとき、だれかそれと運命を共にする一人の人間があっていい。それは長官であるか、艦長であるかとにかく最高責任者が、わが艦と共に海底に逝《ゆ》くのは、いかにも人間の情にふさわしいし、また、最高責任者の行く道のようでもある。が、一方には、何十年鍛え上げられた名提督や名艦長は得がたい戦力であって代替を許さない。願わくは、戦争中はあくまで国のために働いてもらいたい、という考え方も間違ってはいない。

草鹿が懇請し、山本が承認した、南雲・草鹿のコンビ温存は、すなわちこの思想を現実化したもので、真珠湾――インド洋――ミッドウェーの三大空母作戦を体験した空母艦隊の首脳に対し、奮起一番、来るべき海戦において、ぜひともアメリカの空母を撃滅して欲しい、という念願をこめての人事であったことを言うまでもない。

大敗戦にかんがみ、幕僚陣もそのままというのは常識が許さないので、大石、源田らの参謀は去って、軍務局第一課長高田利種大佐が先任参謀に任ぜられ、その下に作戦参謀長井純隆、航空参謀内藤雄、砲術参謀末国正雄、情報参謀中島親孝の各中佐が選ばれ、七月中旬、新しい空母艦隊が日本ではじめて誕生した。南雲は涙を拭いつつ復仇を誓い、全艦隊の将兵また戦意を同じくして、ミッドウェーの雪辱を叫んだ。新設された機動部隊の陣容はつぎのとおりであった。

第三艦隊（機動部隊）

第一航空戦隊（南雲長官直率）＝空母「翔鶴」「瑞鶴」「瑞鳳」（後に編入）

第二航空戦隊（少将角田覚治）＝「隼鷹」「飛鷹」「龍驤」

第十一戦隊（少将阿部弘毅）＝戦艦「比叡」「霧島」

第七戦隊（少将西村祥治）＝大巡「熊野」「鈴谷」

第八戦隊（少将原忠一）＝大巡「利根」「筑摩」

第十戦隊（少将木村進）＝軽巡「長良」および駆逐艦十六隻

（注）空母勢力において少しく米国に劣ったが、それは近藤信竹中将の第二艦隊と常時協同することによって十分に補うことができる計算であった。

5　空母決戦の新戦法

洋上に待機して先制をねらう

ガダルカナル島争奪戦の基地は、奇しくも、日米等距離の軍港にあった。日本はラバウル港（ニューブリテン島）に拠り、第十七軍（陸軍）、第十一航空艦隊（海空軍）、第八艦隊（海軍）が、そこに司令部をおいていた。米国はヌーメア港（ニューカレドニア島）に本拠をおき、総司令官ゴームリー提督の下に、ターナー少将の水陸両用作戦部隊、フレッチャー中将の機動部隊、フィッチ少将の基地空軍部隊が司令部を設けていた。

ラバウル港からガ島ルンガ岬（ヘンダーソン飛行場）までは航程約六百マイル。その中間に、ブーゲンビル、サンタ・イサベル等の島嶼《とうしょ》があって、ガ島戦の中継基地に利用されていた。同じように、アメリカの本拠ヌーメア港からルンガ岬までは約七百マイル、その間に、エスピリツ・サント、サンタ・クルーズ等の島嶼があって立派な作戦基地をなしていた。

異なるところは第三艦隊（わが機動部隊）の根拠地がトラック島にあったことだ。わが第一艦隊――「大和」「武蔵」「長門」等の主力戦艦隊――も山本長官と共にそこにあり、近藤中将の第二艦隊もトラックにあった。というのは、ラバウルが、米軍の空の要塞B17の爆撃圏内にあり、肝腎の空母をそこに繋いでおくことができなかったからだ。それなら日本の空母部隊は、ガ島戦場への進出距離が米軍より二倍大に遠隔する不利益をまぬかれない。この不利な基地条件の下においても、南雲艦隊に課せられた絶対の任務は、米軍の空母を撃滅してミッドウェーの仇を討つことであった。昭和十七年八月、太平洋における両軍の制式空母兵力は、

△日本二隻＝「翔鶴」「瑞鶴」

△米国四隻＝サラトガ、エンタープライズ、ワスプ、ホーネット（回航中）

のごとく、概算して日本は実力六割弱しか持っていない。日本にはほかに軽空母「瑞鳳」

と「隼鷹」と「飛鷹」とがあったが、戦力は前記大空母の三分の一程度であった。

しかも、根拠地はとおく、任務は重い。敵空母を撃滅することを条件として、敗戦後の留任を許された南雲・草鹿にしてみれば、異常なる決意はもちろん、不眠の労苦のほかに、斬新なる戦術を案出して、寡兵よく敵を征しなければならない。その新戦術の一つは、基地に休まず、少しでも戦機が予想される場合には出でて洋上に待機し、もって先制の機を失しない用意であった。そのため、艦隊は七隻の燃料補給船をともなって南方洋上に数百カイリ進出し、だいたいブーゲンビル島の東方百マイルを中心として、南北に緩やかな往復を反復したのであった。艦隊ではこれを「ピストン巡航」と通称し、すなわち索敵しつつ南下し、敵空母の影を見ない場合には敵の地上空軍の爆撃圏外を北上し、しばし遊弋《ゆうよく》の後にふたたび南下することを繰り返した。もちろん、日本陸軍のガ島攻撃、米国海兵隊の増軍輸送等々、ガ島周辺の戦雲動く時機を狙ってピストン往復を実施したわけで、無駄に油を使っていたのではない。

新戦術の第二は、主力空母部隊の前方二百マイルの地点に一大艦隊を横陣に配し、これによってわが索敵力の劣勢を補い、あわせて空母決戦後の追撃に活用することであった。この戦術は、七月下旬、第三艦隊の新幕僚と連合艦隊司令部とが一週間にわたって協議研究を遂げた後に案出されたものであった（敵の索敵はB17により、日本のそれは燃えやすい中攻によったので、能率は著《いちじる》しく劣っていた。さらに敵の空母機を二百マイル前方の前衛隊に吸収し、その間《かん》隙《げき》を狙ってわが艦上機が敵の空母に殺到するという狙いもあった）。

空母自体は防御力のもっとも弱い艦である。一発の爆弾が飛行甲板に炸裂し、火事になったらたちまち戦力を失ってしまう（わが「赤城」「加賀」「蒼龍」「飛龍」、米国のワスプ、ホーネット、レキシントン、ヨークタウンみなしかり）。機関は健在で航行に異状がなくても、飛行機の発着が不能となれば仮死状態に陥る（「翔鶴」、エンタープライズの例）。とくに、飛行機を発進準備中に撃たれたら（ミッドウェー戦）油に火がうつって、爆弾や魚雷の誘爆を起こし（ミッドウェー戦）、空母は自滅の運命を辿《たど》らざるを得ない。

ゆえに空母戦においては、母艦の甲板から一切の可燃性物質（飛行機以下）を除去して消火ホース多数を導いておくのが通念であるが、先制急襲をこうむれば注文どおりにはいかない。そこでまず敵機の来襲を予知吸収するために、二百マイルの前方に有力なる一艦隊を配し、なかば索敵、なかば反撃の用を供する編成を考案するにいたった。サンタ・クルーズの大海空戦はそれが模範的に行なわれたが、その前に、八月二十四日、イースタン・ソロモン戦において、日本艦隊ははじめてこの戦法を実施し、ある程度の成功をおさめた。順序としてまずこの東ソロモン海戦（日本名、第二次ソロモン海戦）から解説の筆を進めよう。

6　敵空母の撃滅期す

ガ島周辺の海に戦雲ふたたび急

サボ島沖海戦で有史以来の大敗を喫した米海軍は、ただちに復仇の計画に着手した。空母ホーネット（四月十八日に東京を空襲した爆撃隊の発進艦）は重巡二隻、駆逐艦六隻を直衛部隊として、南太平洋に急派されることに決まった。新鋭戦艦ワシントン、サウス・ダコタ、防空巡洋艦サン・ジュアン、駆逐艦六隻の精強部隊は、おなじく南太平洋に進出すべく、八月中旬、パナマ運河を通過した。新鋭戦艦ワシントン（十六インチ砲九門）が、日本の戦艦「霧島」を撃破する海戦は、後にも触れる機会があると思うが、こうした新鋭の二大戦艦と大切な機動予備に残しておいた空母ホーネットをも送り込むところを見れば、アメリカが、ガダルカナル方面を日米海軍の主戦場と決意したことは明らかであった。

総指揮官ニミッツ大将は、第一戦隊だけを直率してハワイにあり、トラックに陣する山本五十六と相対し、ガ島方面の実戦は副将ゴームリー中将に指揮させる陣容であった。日本もまた、山本が第一戦隊だけを直率して本拠地（トラック）に止まり、実戦は副将近藤信竹に信頼すること開戦以来不変のコンビであった。が、新たに敵空母艦隊撃滅の新使命を果たすために、新たに第三艦隊――機動部隊――を新設し、近藤の第二艦隊はむしろ支援部隊となって、南太平洋に海空決戦を企図したのであった。

陸軍の方はまだはるかに楽観的であった。その第二次派兵千五百名は、第二水雷戦隊（少将田中頼三）の駆逐艦八隻に分乗して、八月二十三日ガ島に向かった。が、一木先遣大隊の全滅なぞは夢にも想像せず、いな、一木大佐は米軍をヘンダーソン基地から追い落としているだろうと信じ、したがって、その占領の後始末を兼ねて川口旅団を送るという程度の考え方であった。当時、第十七軍（陸軍中将百武晴吉）の主目的は、ポートモレスビーの攻略にあり、少将堀井富太郎の南海支隊は、オーエン・スタンレーの大山脈を越えてモレスビーのえられていた。

背面をつく作戦を実施中という状態で、ガダルカナル島の奪回は、路傍の小事件ぐらいに考が、海軍には、重要なる護送任務のほかに、さらに重要なる作戦任務があった。言うまでもなく、敵の空母部隊撃滅がそれである。一方に敵のガダルカナル島（ヘンダーソン飛行場）の確保増強はなかば以上海上作戦であった。すなわち水陸両用部隊を護衛するため、また、日本の増兵船団を海上に撃つため、米国の水上部隊は絶えずソロモン群島に出没し、空母部隊もそれを支援するために、サンタ・クルーズ島を中心として行動することも戦理の自然であった。

また、日本軍の行動をとらえるため、空の要塞B17はニューギニアの南端ミルネ湾から、カタリナ水上機はエスピリツ・サント島およびサンタ・クルーズ島から六百マイル以上の行動半径をもって昼夜を分かたぬ索敵飛行を継続していた。そのほかに、多数の沿岸監視員（コースト・ウォッチャー）がソロモン群島の各島嶼に散在して、日本空軍の編隊出発、船団の発航、艦隊の南進等を逐一スパイしていた。携帯無線器をもってツラギの米軍本部に暗号急報する仕組みであったが、わが第二十五航空戦隊のごとく群島の基地から飛び立った空軍は、大部分スパイされて途中で迎撃されたものだ。

（注）ソロモン作戦の後期、日本軍は彼らの電波を捕捉することに成功し、ドイツ人、豪州人、混血児ら多数をとらえ、積もる怨みを晴らすため、駆逐艦の甲板に並べ、機関銃の洗礼を加え、六十一人までは数えたが後は不明という殺戮《さつりく》を行なった。当然の戦犯問題となって調査中、朝鮮

事変が起こって流れてしまった——。

このようにして、敵はわが行動を探知していたが、日本もまた、多数の索敵機を飛ばすと同時に、無線傍受により、また、将星の戦略上の勘に訴えて敵の動きをたいがいは察知することができた。

かくて八月下旬、戦雲はガ島周辺の海上に動きつつあることが偵知された。山本五十六は急いでいた。ミッドウェー敗戦からすでに二ヵ月を過ぎ、制式空母四対二の劣勢では、太平洋上の覇権《はけん》は彼の上に固定するおそれがある。いわんや建艦のピッチは三対一と見なければならぬ。すなわち早く敵の残在空母を潰して、昭和十八年を空母優勢の裡に迎えねばならないと急いだのだ。そうしてその第一の機会は、どうやら、八月二十四日のガ島増兵を中心として生起するように察知された。

7　敵空母に三弾命中

南雲艦隊が復仇の出撃

南雲忠一の復仇の機は来た。創設の第三艦隊が、前述した新陣容をもって、敵の残存空母を撃滅する試練の日は、碧空《へきくう》高く晴れたガ島の南方海上に明けた。軽空母「龍驤」（八千トン）を中心に、大巡「利根」、駆逐艦「天津風」「時津風」の四隻からなる別働隊（原少将）は、南雲本隊の前方六十マイルに位置してガ島の東南方に進出し、まずヘンダーソン飛行場を爆撃して敵の出方を待つという戦法に出た。戦機が急に迫ったので、前述の「二百マイル先陣」の方式を採用する時間がなかったのである。

一方の米軍は、日本軍の南進を予想して前夜エスピリツ・サントを発進北上しつつあり、その陣容は、

第一群――空母サラトガ、大巡ミネアポリス、ニューオルリーンズ、駆逐艦四隻。

第二群――空母エンタープライズ、戦艦ノース・カロライナ、大巡ポートランド、軽巡アトランタ、駆逐艦六隻。

第三群――空母ワスプ、大巡サンフランシスコ、ソルトレーキ・シチー、防空巡サン・ジュアン、駆逐艦七隻。

であって、南太平洋艦隊の全力を挙げたものであった（空母ホーネットは未着）。

日本は前記「龍驤」部隊の後方に「翔鶴」「瑞鶴」の主力をおき、西前方に阿部少将の前衛部隊――戦艦「比叡」「霧島」、大巡「鈴谷」「熊野」「筑摩」、軽巡「長良」、駆逐艦六隻――を配して南進した。間もなく相会するであろう両軍は、その空母の全力を集めたもので、五月の珊瑚海海戦、六月のミッドウェー戦につぐ日米第三回目の大海空戦を現出する形勢にあった。

八月二十四日午前九時ごろ、米国の基地空軍の水上偵察機は、わが「龍驤」部隊の南進中を発見した。米空母部隊との距離は三百マイルである。「龍驤」はいまだ敵を見ず、かねての計画にしたがい、十一時、その艦上機の大半（戦闘機十五、爆撃機六）を飛ばしてガ島へンダーソン基地の攻撃に指し向けた。しばらくにして、敵機の大群が襲いかかってきた。空母

サラトガの艦上機で、爆撃機三十、雷撃機八、戦闘機十二（?）から成る有力な攻撃隊であった。やがて空母エンタープライズの艦上機も加勢して軽空母を乱撃した。旧式の小型空母「龍驤」は至近弾十個と魚雷一発とをこうむって、午後八時、ついに姿を海底に没した。

交戦開始の報は、ただちに後方の主力部隊につたわった。南雲は、時到れりと、即刻「筑摩」の水上偵察機を飛ばして正確なる状況を偵知させた。同機は南東百八十マイルの海上に米国空母部隊を発見し、午後二時五分、それを南雲に報告した。わが爆撃機九、戦闘機六が「瑞鶴」から、雷撃機六、戦闘機六が「翔鶴」から、第一次攻撃隊として発進したのは午後三時七分であった。発見から進撃までの所要時間、約一時間というのは、まず好成績と言ってよく、そうして午後四時にいたり、ほぼ同数の第二次攻撃隊が発進されたのである。

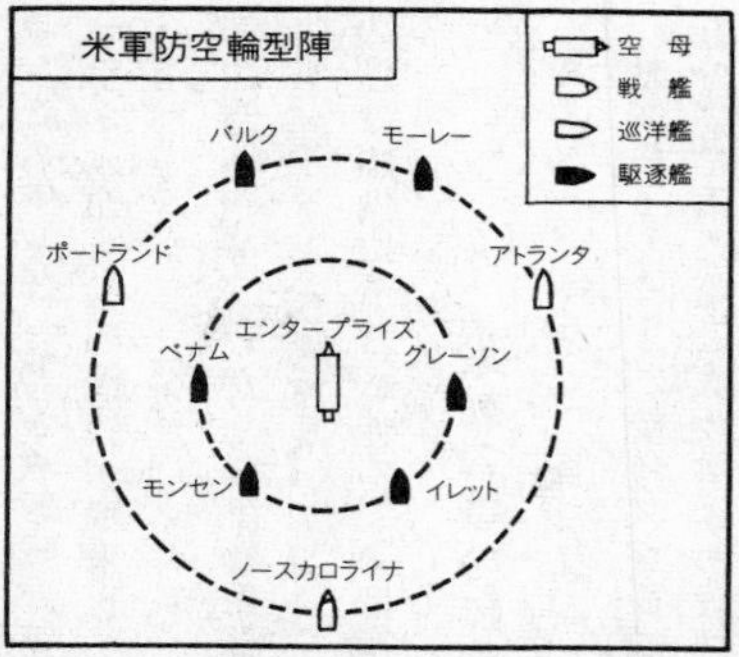

三群からなるアメリカの空母部隊は、各隊が防空輪型陣を造って、各々十ないし十五マイルの間隔を保っていた。いわゆる「流れ弾」や「帰りがけのついで」に撃たれる危険を避ける用意であって、ミッドウェーの日本空母が一カ所にあつまっていて、同時にやられた戦訓に学んだものである（ミッドウェー戦で、空母「飛龍」は数マイル離れていたので単艦よく数時間戦い、その攻撃隊によって敵空母ヨークタ

ウンを大破した)。わが攻撃隊が第一着に到着したのはエンタープライズ号の上空であった。サラトガからも応援機が飛来して、上空の敵機は五十に達し、攻守の乱戦が壮麗な戦絵を描いた。

四時四十分、わが急降下爆撃機が投下した一弾はエンタープライズの後部甲板に命中してエレベーターを爆破し、つづいて五分間に二発が命中して、一弾は通風設備を全壊し、火事の煙は艦内に流れ、他の一弾は操舵の自由を奪い、かつ百六十九名の将兵を殺傷した。

8 最初の戦い無勝負

潜水艦イ一九号の戦勲

敵空母エンタープライズが操舵力をうしなって大混乱を呈している最中に、午後四時五十五分、日本の第二次攻撃隊が殺到した。エンタープライズ号の運命はまさに風前の燈火に瀕した。ところが、不幸にしてわが攻撃隊は、針路を南に四十度誤って、同艦と戦艦ノース・カロライナの中間(間隔二千五百メートル)を航破し、反転襲撃をあきらめて引き揚げてしまった。思うに、時はすでに薄暮のうえに、煙幕がひろがっており、目標の識別が困難であったばかりでなく、多数の敵戦闘機との交戦に時を費やし、帰還の刻限に迫られたためであろう。わが攻撃隊は、付近に敵空母の炎上中なるを目撃し、かつ帰航着艦の時刻がすでにはなはだ遅れているのを知り、指揮官は兵をまとめて引き揚げたものと察しられる。攻撃隊の将兵は今日生存するものなく、よって真相を確かめる術《すべ》はないが、米空母の艦上爆撃機が、午後二時以後には発進を中止した理由として、帰艦が夜に入って着艦難に陥ることを挙げているのに徴すれば、日本機が四時に発進して敵の上空に迫ったのは、すでに決死の冒険に基づいていたことが察知され、引き返しを責める理由はない。

（注）米空母エンタープライズは、午後二時、北方二百三十カイリに日本の「翔鶴」「瑞鶴」を発見し、ただちに爆撃十二、雷撃七、戦闘七の二十五機を準備したが、帰艦が夜間着艦になるので攻撃を中止した。

この一戦で空母エンタープライズは使用不能となった。空母勢力の四分の一強を戦列外に失うのは大変なことだ。ハルゼー提督は、ただちに巡洋艦アトランタと駆逐艦四隻を護衛につけてエンタープライズをハワイの海軍工廠に回航させ、そこで一大修理を施し、七十日の後にふたたびヌーメアに帰航させた。八月二十四日の夜の幕が深くおりて、イースタン・ソロモンの海戦は終わった。日本は軽空母「龍驤」を海底に失い、米国は制式空母一隻を戦列外に失い、当座の勝敗としては日本側に軍配が上がったが、公平に見て引き分けと言ってよかろう。ただ、その勝敗よりも、第三艦隊の新戦法が、その着想のあやまらなかったことを証し、これを発展させれば、もってミッドウェーの復仇を遂げ得るという確信を深めたところに意義があった。

先制攻撃は空母海戦の第一条。そのために両軍が索敵に万全を期することは言うまでもなく、一分でも早く敵空母を発見するのが重大なる戦闘の端緒となるのだが、両軍とも機先は容易に保証できない。そこで日本は、空母の主力を最後方に存置し、約二百マイルの前方に有力なる一艦隊を横陣に配し、敵発見に資するとともに、わが主力空母の艦上機を敵空母に直行させる方式を定めたこと前述の通りだ。ソロモン最初の海空戦は無勝負に終わり、南雲は、その戦訓に学んで、第二の海空戦の生起するのを待っていた。

その間にも、日米両軍の海戦は、ガ島陸上のそれと比例して反復され、とくに両軍が潜水艦を千マイルの遠海に派して戦った海中戦は特記すべきものがあった。とくに、日本の潜水艦がソロモン戦の期間中に挙げた戦果は、国民の記憶に残さるべきものがあった。第一は、八月三十一日、空母サラトガの大破。第二は、九月十五日、空母ワスプの撃沈がこれであった。

アメリカは八隻の潜水艦を、トラック――ラバウル間とソロモン群島の西側水道に派し、日本は十二隻の潜水艦を遠くエスピリツ・サント、サン・クリストバル、サンタ・クルーズの方面に派して待機雷撃を狙わせていた。

空母には、前掲のように、巡洋二、駆逐六の八隻（ときに戦艦を加う）が常時円陣を張って護っており、潜水艦の近接攻撃は至難であったが、わが潜水艦イ二六号は、八月三十一日午前七時六分、空母サラトガに二発の魚雷を命中させて、三ヵ月の重傷を負わせたのであった。さらにイ一九号は、九月十五日の昼間、船団護送中の空母ワスプに肉薄攻撃を加えて完全にこれを撃沈し、同時に護衛駆逐艦オブライエン号をも撃破した（船団はヘンダーソン基地救援のための第七海兵連隊を緊急輸送中のものであった）。半月の間に、敵空母二隻を戦列外に退けた潜水艦の偉功は讃辞に窮するほど大きかった。

9　米空母たった一隻
ドン底の米国南太平洋艦隊

空母エンタープライズ（二万トン、八十機）が、三ヵ月の重傷をこうむって（八月二十四日）、ハワイの海軍工廠に回航修理を余儀なくされてから一週間と経たない三十一日に、今度は空母サラトガ（三万三千トン、八十六機）が同じような重傷を受けたのは、米軍南太平洋艦隊の一脚一腕を奪い去るほどの打撃であった。ところが、それから二週間後の九月十五日に、空母ワスプ（一万五千トン、七十機）が、サラトガ同様、日本の潜水艦によって撃沈されてしまったのは、米国の海空軍にとって致命的に近い痛傷となった。

（注）わが潜水艦は世界に冠たるものとして有名であったが、戦時には華々しい戦功を挙げないというので不評であった。その根本は用法を誤ったからであり――通商破壊に重点をおくべきであった――。その既定の戦略範囲においては大きい戦績を残した。原爆搭載艦インディアナポリス号の撃沈は広く知られているが、この空母ワスプの撃沈、同サラトガの撃破は、日米ソロモン海空戦において、わが軍のために「救いの神」の大業を果したと言っていい。念のため付記しておく。

ここにおいてアメリカの機動艦隊は四分の三を失い、彼のためには幸いにも、ホーネット号の新着によって、わずかに丸裸をまぬかれるという実情に追い込まれたのであった。

九月中旬から、アメリカの空母はただの一隻になってしまった。日本には、「翔鶴」「瑞鶴」の二大空母が健在し、その排水量各二万五千トン、八十機以上を搭載して三十四ノットを走る戦力は、米国のただ一隻のホーネット（二万トン、八十機）を相手にとって不足とする優勢をしめした。加うるに「瑞鳳」と「隼鷹」と「飛鷹」との三艦がある。「瑞鳳」は一万一千トン、三十機、「隼鷹」「飛鷹」は各二万四千トン、五十機の改装空母ではあるが、二十八ノットあるいは二十六ノットを走る専門の航空母艦であって、立派に海空戦の一翼を勤め得ること論をまたなかった（「瑞鳳」は給油艦「高崎」を、「隼鷹」は郵船会社の橿原丸《かしはらまる》を、「飛鷹」は同出雲丸を空母に改装したもの）。

さらば、日米の空母の実力は、日本三、米国一という大きい懸隔を生じ、対等に会戦したらわが勝利百パーセントの機会を迎えたではないか。山本・南雲・宇垣・草鹿の海将たちはいまこそ総出撃をくわだてて、ミッドウェーの仇を完全に討ち取るべきときであったように見える。が、そう簡単にかたづかないのは、米国の基地空軍が、ヘンダーソン、ツラギ、エスピリツ・サント、サン・クリストバル、サンタ・クルーズ、ミルネの六ヵ所に陣して、ソロモンの空を掩《おお》い、日本の第十一航空艦隊（ラバウル）の四倍強の優勢を維持していたからだ。下手《へた》に飛び出して、サラトガ、ワスプの二の舞いを演じたら、補充力の乏しい日本は大変なことになる。同時に、アメリカの空母が一隻に減ってしまっていることも、おそらくは的確につかめなかったのであろう。

その後の一ヵ月、わが索敵機は南方遠くさがしたが、ついに敵空母の動静を知ることができなかった。それはそのはずで、猛牛ハルゼー提督が、いかに勇猛であっても、一隻しかない空母を、日本機の爆撃圏内にさらすことは慎まねばならなかったからだ。いっぽうに、ガ島の戦況は依然として激しい睨み合いをつづけていた。少将川口清健の第二次奪回戦が惨敗に終わるや、大本営はようやく開眼し、第二、第三十八の両師団を送って正面からヘンダーソン基地を撃砕奪還するに決し、第十七軍（百武晴吉中将）の司令部も、ラバウルからガ島に進出して指揮を執ることとなり、兵員と軍需品の海上輸送は、夜を日に継いで行なわれ、わが海軍の護送と、敵海空軍の妨害とが、連日ソロモン海の砲爆戦となってつづいた。

九月中旬から十月中旬にかけて、米海軍の戦力はドン底に落ちていた。矢のような催促がハワイの海軍修理工廠に射込《いこ》まれ、一日もはやく空母エンタープライズと戦艦サウス・ダコタを修理してヌーメアに帰航させることを力説した（サウス・ダコタは坐礁して艦底修理）。その結果、エンタープライズは、機関部その他航海所要部の修理に止め、上層構造物等はヌーメアの仮工場で応急修理をほどこすことになり、両艦は全速力をもって、十月中旬、ヌーメアの根拠地にもどった。米軍の戦力は一応復旧し、全軍の意気大いに揚がり、出撃の日をいまや遅しと待ち構える態勢となった。

10　ついに敵地進入を断行

第三艦隊への強硬出撃令

わが海軍将兵の戦意も、米軍にすこしも劣るものではなかった。とくに長官山本五十六大将は撃滅戦の鬼と化しつつあった。敵将ハルゼー提督の熱度に優るとも劣るものではなかった。ハルゼーは、一日もはやく日本海軍をソロモンから追い払ってガ島の日本陸軍を孤立させ、ヘンダーソン基地の安定を確保する使命を果たさねばならない(そのためにゴームリー提督に代わった)。

山本はその反対に、ガ島のわが軍を維持増強するために、大戦艦「大和」の出撃も辞さないほどの熱意を持つと同時に、この機会に敵の空母群を滅ぼしてミッドウェーの仇を討つ戦意に燃えていた。そうして、陸軍が丸山中将の第二師団を投入してヘンダーソン基地の奪回を戦う時期を、海空戦必至の機会と睨んだ。飛行場奪回戦の時期は十月二十二日と予定されていたので、わが艦隊は、逸早《いちはや》くトラックを出陣してソロモン群島の東方海上に進出し、敵艦隊がガダルカナル島陸上軍の援護に出陣して来るのを待ち伏せた。

わが軍の陣容は、

△本隊(南雲中将)――空母「翔鶴」「瑞鶴」、軽空母「瑞鳳」、大巡「熊野」、駆逐八隻。

△前衛部隊(阿部少将)――戦艦「比叡」「霧島」、大巡「利根」「筑摩」「鈴谷」、軽巡「長良」、駆逐七隻。

△先進部隊(近藤中将)――戦艦「金剛」「榛名」、大巡「愛宕」「高雄」「妙高」「摩耶」、軽空母「隼鷹」、軽巡「五十鈴」、駆逐八隻。

の勢力で、その他に三川中将の第八艦隊の一部があった。これに対して米海軍は、例のごとく艦隊を三群に分かち、

△第一群（キンケード少将）——空母エンタープライズ、戦艦サウス・ダコタ、巡洋二隻、駆逐八隻。
△第二群（ミューレー少将）——空母ホーネット、巡洋四隻、駆逐六隻。
△第三群（リー少将）——戦艦ワシントン、巡洋三隻、駆逐七隻。

の陣容を整え、十月中旬、ヌーメアを発してガ島周辺の会戦を狙った。

以上の艦隊は、日米とも、その持てるものの、あるいは動員可能の軍艦の、ほとんど全部であった。連合艦隊長官山本提督と、太平洋方面総指揮官ニミッツ提督とは、トラックとハワイとに本陣を構えて相対し、双方ともそこを留守にすることはできなかった。そうして両将とも、その第一艦隊を膝許においた。トラックにあった第一艦隊は「大和」「武蔵」「長門」「陸奥」の戦艦を主力とし、米国の第一艦隊も、アイオワ級戦艦四隻を中軸としてハワイに待機し、ともにソロモン海への進出を抑制していた。日本にはそのほかに四隻の戦艦があったが、「伊勢」「日向」の両艦は、ミッドウェーの空母喪失をおぎなうために、後方砲塔を撤去してこれを飛行甲板に改造すべく呉工廠のドックにあり、「山城」と「扶桑」の両艦は速力が不足でソロモンの高速戦闘に適せず、その結果、「金剛」級の四戦艦（二十八ノット）が参戦したわけで、つまり可動戦艦勢力の全部が投入されたものである。

山本も南雲も、敵空母撃滅の燃ゆる熱度は等しかったが、戦略の大局から見て、山本の方が時期を急いでいた。彼は、このガ島周辺の海戦で米空母を叩き潰してしまわないと、造艦能力の相違から見て、昭和十八年の海上権（制空が主となる）はアメリカの掌中に帰するものと判断していたのだ。南雲も同じような考えかたであったろうが、彼には必勝の責任が直接にかかっているだけに慎重さがあった。

とくに参謀長の少将草鹿龍之介は、必勝計画としての敵艦先制発見を固く執って動かなかった。すなわち索敵を反復しながら、前記のピストン航法（ソロモン群島沖を南北へ航海往復）を繰り返していた。ところが、陸軍の総攻撃は、二十四日に延期される旨の通報に接した。ここにおいて第三艦隊の幕僚たちは、このうえピストン航法をつづけることを危険と感じ、いったん北方に避退し、二十六日を期して決戦海面に南進する方針を議定した。すなわち連合艦隊の指令期日（二十五日）をあえて変更する案である。そこで当然に連合艦隊司令部の許可を求めた。

ところがトラックの司令部は、これを慎重に過ぎて、臆病に類するものと認めるにいたった。臆病という言葉は使わないが、それを諷するような出撃電報が、第三艦隊の作戦室に舞い込んで来た。すなわち、第三艦隊（空母主力）は予定を変更することなく、すみやかに南方に索敵進出して決戦の機会をとらえよ、というのである。

その命令の語気の強さに、長官南雲忠一はまず動き、首席参謀高田利種や作戦参謀長長井純隆らもそれを余儀なきものとみとめて草鹿参謀長を説得し、ついに敵地への進入を決意するにいたった。草鹿は、「敵は東方より奇襲側撃のおそれあり」という持論であったので、それを警戒しつつ、例の前衛艦隊を二百マイルの前方にたもって（支援部隊は西前方を進む）、敢然として進撃を開始した。十七年十月二十五日の夜であった。

11　またも敵飛行士の失態

攻撃第一波六十七機が適時発艦

果然、両軍の遠距離索敵は、十月二十五日から共に活気を呈し、先制発見のために全力を傾けたが、索敵能力はアメリカの方が一枚上であった。というのは、彼の基地空軍が長距離飛行においてわれに優っていたからだ。すなわち、前にも述べたように、フィッチ提督の率いる基地空軍は、エスピリツ・サントを本拠として数ヵ所に飛行場を有し、機数合計二百七十一機を算したその中には、例の空の要塞B17（B29の前身）を五十五機もふくみ、さらに多数の長距離水上偵察機をそなえ、優に六百マイルの遠域を縦横に偵察することができたからだ。

そのなかの一機（カタリナ水上機）は、二十五日の正午過ぎ、南雲艦隊が二十五ノットの速力で南下中であることを発見した。地点は米空母部隊を北西にへだたる三百六十マイルで、攻撃にはいささか遠きに過ぎた。しかし、空母エンタープライズ群の司令官キンケード少将は、午後二時二十分、索敵十二、攻撃二十九の編隊を飛ばして先制攻撃を冒険した。しかるに、正午、前記PBY機（米の水上機）に発見された南雲はただちに反転して所在を晦《くらま》したため、エンタープライズ機はついにわが艦隊を発見せず、帰投が遅れて夜に入った結果、一機は艦上に激突、六機は海中に墜落して開戦前早くも一大犠牲を払う羽目となった。

が、夜間訓練を有するカタリナ水上機は闇をついて、ついにわが空母部隊を発見した。これはまことに由々しき大事件であった。われは敵空母の所在を知らないのに、敵は早くも、われを発見していたのだ。われは発見されたことを知らずに南進していた。危険言うべからず。そのまま進んでいたら、翌早朝（日出は三時二十分）、わが艦隊は敵の奇襲攻撃を受けて全滅の厄に遭ったかも知れない。

なんたる奇しき好運か、または天佑か。敵の偵察機は、発見を味方に通報した後に、爆弾一個を「瑞鳳」の後方に投下して飛び去った。そこでわれははじめて敵に発見されていることを知った。時刻は二十六日の午前零時五十分であった。南雲は、わが艦隊がすでに発見されていることを知り、ふたたび方向を直角に西方に転じて、被発見地点から二十五マイルほど遠ざかった。

敵は偵察飛行士の無益の投弾のために全勝の好機を逸した。あたかも、八月八日、三川艦隊を発見しておきながら即時通報を怠った豪州の飛行士と大失態の一対をなすものである。その飛行士がどう処罰されたか確報を得ないが、少なくとも重禁錮ものであることは常識である。

さて西方に回避した南雲は、戦場の気配により、敵が戦闘圏内にあることを感知し、まえまえから警戒していた東南東の方角に向かって二段索敵を急施した。前衛部隊（「筑摩」「利根」「鈴谷」「長良」）から七機、本隊から十五機が、午前二時四十分、隼のように東の空に飛び去った。日出まで一時間、天には薄明かりが感じられたが、星はまだ一面にまたたいていた。艦上人声絶え、ただ機関の響きのみが、決戦の近さにあるのを告げるごとくであった。

敵も索敵機を織るように飛ばせた。その一機が南雲を正確に捉えたのは午前五時十二分、北西三百マイルの地点であった。時到れり、とハルゼー提督は立ち上がり、「全軍攻撃《オールアタック》！」と全艦隊に指令した。帝国海軍の常用語であった「全軍突撃せよ」と同じ叱咤の語気である。

敵の三群は、約十マイルの間隔（肉眼限界）に併列して北進についた。午前六時三十分、敵機は北西百六十マイルに阿部艦隊を、同五十分、北西二百マイルの地点に南雲艦隊を確認し、ただちに艦上機の発進を命じた。もう逃げも隠れもしない決戦距離内に、日米両海軍の空母の全力が対峙するにいたったのである。

一方に、わが索敵機もみごとに敵を捉えた。敵空母ホーネットの一群を南東二百マイルに発見したのは午前六時三十分であった。完全に用意されて、あたかも競走選手がスタートについていた姿の第一次攻撃隊六十七機は、早くも二十八分の間に、矢のように艦を放れた。真珠湾の勇士少佐関衛《まもる》が攻撃隊を率いて先頭に立った。敵の攻撃第一波がエンタープライズ号の艦上を発したのは七時二十分であるから、日本機の方が約二十分早く戦場に飛び立った計算である。ミッドウェー戦で敵に理想的先制を許して敗北した日本は――南雲と草鹿のコンビは――この失敗を繰り返さずに、逆に敵に先制しようと心胆を砕くこと百日の後に、ようやくその祈願を果たし、攻撃第一波は敵より二十分前に、第二波（七十三機。七時十分発）は敵の第一波と同時刻に、「瑞鶴」「翔鶴」「隼鷹」の三艦上から発進したのであった。

12 ホーネット大火災

われも軽空母「瑞鳳」に被弾

空母決戦の日——十月二十六日——における日本の索敵と攻撃機発進とは、南雲の苦心が酬《むく》いられて成功裡に進展したが、艦隊の動きについては、前日の二十五日正午に、大要を敵に知られていたこと既述のとおりである。それが敵の基地空軍の四倍の優勢に基づくことも書いておいたはずだ。すなわち、フィッチ提督指揮下の基地空軍は総勢二百七十一機、そのなかには足の長いB17とカタリナ水上機が百機以上もあり、基地の数は六ヵ所、その上にもっとも近いところには、ガ島ヘンダーソン基地があって、ソロモン全域を朝飯前に飛べる利点を持っていたから、日本は逆立ちしてもおよばなかったのである。

日本の基地は遠く、唯一の前進基地としては、サンタ・イサベル島のレカタ湾に水上機の基地を有しただけで、ほかはみな軍艦の上から飛んだので、進出も制限され、索敵海面の直径もはるかに彼におよばなかった。またこのほかにラバウルとブイン（ブーゲンビル島）からも索敵飛行を実施していたが、機数も少なく、また使用機海軍の中攻（中型攻撃機）は、タンクが無防備で、一弾を受けるとすぐ燃え落ちる欠点のために、偵察効果が低かったこと前記のとおりだ。

十月二十六日、午前零時五十分に、わが空母「瑞鳳」のちかくに爆弾を投下して行ったのは、前日にわれを発見した基地空軍の水上偵察機であった。アメリカの偵察機は、かならず一個の爆弾を携行し、偵察を遂げた帰りにそれを狙い落としてゆくのが戦術常法になっていた。日本から眺めると、「投弾したから帰るのだナ」と判明するほど規則的にそれを行なった。ただ、二十六日の零時五十分にそれをやったのは、よほど頭の悪い飛行士に違いなかった。大機密を自分から公開してしまったからだ。

日本は、この敵基地空軍の偵察兼攻撃の第二波のために、軽空母「瑞鳳」が被弾して戦列外に去らざるを得なかったこともあったが、それは戦闘がはじまってからの白昼の出来事であった。

わが空母機が決戦に飛び立ってから間もなく、敵の地上機の一群が南雲隊の上空にあらわれ、ほとんど大部分（十四機）がわが防御戦闘機の餌食となったが、残った二機が左方に離れていた「瑞鳳」に投弾して、妙技というか、怪我の功名というか、甲板を爆破して大火災を起こさせ、この軽空母を決戦中使用不能に陥らせた。敵の二機は、かなり低いところから狙ったが、「瑞鳳」の高角砲はそれを撃墜することができず、また、自慢の零戦（零式戦闘機）も、すでに十四機を撃墜して一休みといったところを襲われて間に合わなかったのだ。

というよりも、護衛のための零戦の機数そのものが、戦略数量的に不足であって、この種の決戦を行なううえには、はじめから不満であったのだ。「瑞鳳」は小型であって、その搭載機は三十機に過ぎないけれども、緒戦における敵の凱歌であったことは認めなければならない。

しかしながら、「瑞鳳」の火災は第二、第三の問題だ。主問題はわが攻撃隊が敵空母に適時に襲いかかってこれを討ちとり得るかいなかにある。「瑞鳳」の被害と前後する午前七時十分、歓ぶべし、わが六十七機の攻撃第一波は敵空母ホーネットに襲いかかっていたのだ。

南太平洋独特の狭域スコールが濃密に降って、空母エンタープライズ群は視界から完全に隠されていたが、ホーネットの周辺はきれいに晴れていた。わが雷撃機と急降下爆撃機の上下挾爆が、七時十分から開始された。

待ち受けていた敵の戦闘機は勇敢に応戦したが、上下双方の防御に完全を期することは不可能だ。雷撃機をふせごうとすれば海面近く下降しなければならないが、その戦闘機は上昇に時間を要するので、上空の爆撃機を迎撃することはできない。その間隙に攻撃を果たすのが空母戦の新定石であって(ミッドウェー戦で確認された)、日本機は七時十五分に、早くも一弾をホーネットの甲板に見舞い、一分後に二弾を命中させたが、三分後に、燃えながら煙突内に突っ込んだ一機があった。攻撃隊長関衛少佐の飛行機であって、その携行した爆弾二個は艦の内部で爆発して大火災を発生させた。敵の防御がそれに集中する瞬間、わが雷撃機が狙い打った魚雷二発は、ホーネットの中腹部に命中して汽罐を破壊し、その運行を止めてしまった。浸水と運動停止の大被害の上に、さらに数個の爆弾が甲板を貫き、艦内の各機構を破って空母ホーネットは完全に喪失した。

13　捕獲の快挙ならず

瀕死のホーネットを葬る

空母ホーネットは戦力を失ったが、まだ何時間も浮かんでいる。それを完全に沈めてしまおうとする日本軍と、沈没を防ぎつつ、夜を待って曳航しようとする米軍との戦いが、それから十二時間もつづけられた。午後三時五十分、「瑞鶴」から飛び立った爆撃機の第三波はホーネットを仕止めるべく殺到して、彼の後部甲板を貫き、かつそのために、敵側の曳航をなかば諦めさせた。そこへ、午後五時二分、「隼鷹」からの艦上機十機が止めを刺しに飛来し、数弾を見舞うにいたって敵はついにホーネットの放棄を決意した。護衛駆逐艦ムスチンは将兵を収容し終わって八発の魚雷を発射したが、狙い定まらずしてホーネットを処分することができず、僚艦アンダーソンの協力を求めた。アンダーソンまた八発の魚雷を放ったが、急所をはずれて目的を達せず、両駆逐艦の雷撃の無器用を嘆じているところへ、阿部少将の前衛部隊が出現した。

敵の駆逐艦二隻は飛魚のように逃げ去り、それに代わって日本の巡洋艦四隻、駆逐艦四隻が瀕死の敵艦を取り巻いた。

阿部少将の懐《ふところ》には、山本連合艦隊司令長官からの緊急命令が蔵《かく》されていた。

「ホーネットを曳航せよ」

という命令がそれであった。沈めてしまうのではなくて生け捕りにして来いというのだ。曳航ができれば万々歳である。ホーネットはアメリカ軍艦中でもっとも誉れの高い名であって、海軍創設時の第一艦から数えて七代目に当たる（翌一九四三年、米国は新空母にその名を継がせて第八世をつくった）。その名誉ある名の空母を「生け捕り」にして横須賀へでも連れて来れば、国民の戦意昂揚《こうよう》に資するところ大なるものがあろう。

さらに一つ、市民の溜飲を下げること絶大としんじられるのは、その年の四月十八日、東京を初空襲した爆撃機は、そのホーネットの艦上から飛び立った事実である。すなわち、仇なす敵の首っ玉に縄《なわ》をつけて引っ張って来るという痛快事を、大将山本五十六は狙ったものかも知れない。が、それを巷間の想像話として度外視しても、米国の制式空母の本体を解剖することは、わが海軍にとって無上の好資料と考えられたに相違ない。

ところが、ホーネットは曳航を許さなかった。十度以上傾斜して全艦が燃えていた。さらに検すると操舵機が吹っ飛んでいる。かりに注水して平衡を復し、何時間かかって火を消したとしても、舵のない艦を曳航することは航海最大の難事である。一時間一ノットの遅速力で曳いても危ない。そんなことをしていたら、夜が明けて敵の基地空軍に自分が沈められること十中八九間違いなかろう。阿部は固く決心し、駆逐艦「秋雲」と「巻雲」にその処分を命令した。両艦は二発ずつ魚雷を撃った。狙い誤たず、ホーネットは二条の大水柱を揚げて、見る間にその姿を没した。

私はホーネットについて長く書きすぎたかも知れないが、そもそも南雲艦隊の索敵機もホーネット一隻を発見し、攻撃の主力もこの一艦に集中されたのであった。いな、戦闘開始前にも、敵の空母は何隻いるのか（二隻か三隻か）ハッキリわからなかったのである。第二空母エンタープライズを発見したのは、第一次攻撃隊がホーネットを戦闘不能に陥れて帰艦した後、わが索敵第二陣中の一機が、その南西十マイルの海上にそれを見て急報したときである。日本はいくぶん周章気味に攻撃第三波を急派し、南雲はとくに機上の若人を激励して必勝を訴えた。

エンタープライズの後方千ヤードには、新鋭戦艦サウス・ダコタが護っていた。ともに八月、ハワイの工廠で修理中、米国が新たにスウェーデンから購入した強力なるボーホルズ式四十ミリ機銃二十余門を装備したその防空力は、ホーネットとは比較にならぬ威力をしめし(連装二個を組み合わせた回転砲架から急霰《きゅうさん》のように広範囲に速射し、日本の機銃とは較べ物にならなかった)、二十六機のわが攻撃機が撃墜された。

われは屈せずに襲いかかり、命中爆弾三発をもって百十九名を殺傷したが、しかし、致命傷をあたうるにいたらず、甲板三ヵ所を破壊するにとどまった。つづいて迫ったわが雷撃機は近傍の防空巡洋艦サン・ジュアン(五インチ速射砲十六門装備)に妨げられ、側防の駆逐艦ポーターを葬っただけで、エンタープライズに魚雷を命中させることができなかった。まずは「中破」というところで夜の幕が日本機をさえぎり、敵艦はその機に南方に遁《のが》れ去った。

14　「翔鶴」被弾して離脱

総合戦果で勝利と決まる

一方に日本側の被害はどうであったか。「瑞鳳」が甲板を大破されて飛行機の離着艦が不能となったことは前述した。しかし、航海に異状がなかったので、南雲は急ぎそれを北方に避退させて敵の攻撃圏外に安置し、「翔鶴」「瑞鶴」「隼鷹」(軽空母)の三艦を率いて空母決戦の空を睨んでいた。果たせるかな、午前七時二十五分、敵機三十機が殺到して来た。主力はダウントレス爆撃機で、戦闘機の護衛なしに突っ込むというアメリカ空軍の勇敢ぶりを示し、まず攻撃を旗艦「翔鶴」に集中した。わが防御戦闘機は、裸の敵爆撃機を、枯葉を揺するように撃ち落とした。

敵の第一次攻撃隊は五十二機編成のものであったが、その中の二十二機は、六十マイル前方にあった前衛部隊（阿部少将。「筑摩」「利根」「比叡」「霧島」「長良」「鈴谷」を横列十マイルに配す）に襲いかかった。敵機は最東端に位置した大巡「筑摩」（艦長古村啓蔵）に集弾したが、「筑摩」は巧みに運動して軽微なる損害だけですんだ。このように敵の勢力を二つに分散させたことは、敵方の指揮の誤りでもあったが、また前衛部隊を遠方に派しておいた南雲戦術の怪我の功名でもあった。さて本隊に来襲した三十機中の二十五機は、わが零式戦闘機の好餌となった。ホーネットを襲った日本の第一次攻撃隊も二十五機を失ったのは興味ある数字である。同じく二十五機の犠牲において、われは敵空母に致命傷をあたえたが、敵はどういう戦果を日本の空母群から取得したか。七時二十五分から、四個の爆弾がつづけさまに「翔鶴」の後部甲板を撃った。同艦に集中された投弾の大部分を回避し得たのは、航海長（塚本朋一郎）の歴戦の勘に基づく独断転舵によるものであった。「翔鶴」の艦上機は大半発進ずみであり、甲板からは一切の可燃物を除去し、ミッドウェー戦の教訓から消火ホースを倍増して十六本を備えつけ、火災による喪失の危険（ミッドウェーでは四隻とも焼却した）を防止する工夫をしていた。

が、本来空母自体が可燃物なのである。アメリカの空母は消火用に二酸化炭素をもちい、さらに要部には化学製品の泡沫《ほうまつ》を撒布《さんぷ》し、それに注水を行なって消火につとめた。それでも空母ホーネットは終日燃えつづけて沈むまで消えなかった。「翔鶴」の火が消えなかったのは当然で、時間とともに拡大し、煤煙《ばいえん》はやがて空を蔽うまでにひろがった。南雲の司令部は駆逐艦「嵐」に移乗して、「翔鶴」の戦列外避退を命じた。ところが艦長有馬正文は、「高角砲は立派に使えるのだから戦線から避退する必要なし」と言い張ってきかず、しばらく押し問答の末、ついに幕僚たちに宥《なだ》められて渋々と戦列を去って行った（有馬少将は後に台湾航空戦で特攻の範を示したので有名）。船体も汽罐もぶじであったので、トラックの本拠地に帰ったが、甲板を再整備して戦力を回復するのに約九ヵ月を必要とした。まず「中破」と称して差し支えないであろう。

かえりみるに、二十六日の朝が明けて間もなく、日本の飛行機六十七機の大編隊は攻撃のため南東に飛び、アメリカの飛行機五十——六十の大群もまた攻撃のため北西に飛び、高度一万八千フィートの上空で互いに擦《す》れちがった。が、両軍とも一瞥《いちべつ》を与えただけであえて関せず、狙いはお前たちの母艦だ、帰投しても着艦する本尊は沈めておくぞ、知らず汝らの中の何機が帰り得るや、と必勝の胸をふくらませて飛びちがった攻撃機は、果たして何機が帰り得たか。その後、第二波、第三波と出撃して、両軍とも約二百機ほどが動員されたが、日本軍では未帰還が六十九機にたっし、米軍でも六十機前後が帰らなかった。これらの攻撃機を、眼のある砲弾、眼のある魚雷と通称したが、機と人と、ともに大きい犠牲であった。

さてその戦果を総合すると、日本は、空母「翔鶴」・中破、同「瑞鳳」・小破、大巡「筑摩」・小破、駆逐艦「照月」「秋月」・小破というのが損害の全部であった。これに対し、アメリカ側は、空母ホーネット沈没、駆逐艦ポーター沈没、空母エンタープライズ中破、戦艦サウス・ダコタ小破、防空巡サン・ジュアン小破、駆逐艦スミス小破という損害を喫した（飛行機の消耗は六十機台で大差ない）。

右の結果を一覧すれば、日本が勝利をおさめたことは確実である。両軍空母の全力が堂々と真っ向から取り組み、日本は二隻が中・小破したのに対し、敵は一隻が撃沈され、一隻が中破したのだから、サンタ・クルーズ海空戦は、アメリカの評論家に聞いても、問題なく日本の勝利と結論するのであった。これは日米の海空戦において日本が勝ったことを意味するのだ。名状すべからざる苦心が、草鹿、高田以下参謀陣の体重を減らした。なかんずく、攻撃方向を南東方（ホーネット）に指向させた航空参謀内藤雄（後に古賀長官とともに戦死）の名断は、戦勝の一因として長く物語の中に残った。

15　米空母、全部姿消す

焦点は補充再建能力にかかる

アメリカのラジオ放送は、十月二十四、二十五の両日にわたり、「わが海軍は、今度の記念日（二十六日）には、素晴らしい贈り物を国民のみなさんに差し上げることができるだろう」と呼びかけていた。ガダルカナルの戦況が不味であることがアメリカ人の不満の種になっていた当時だから、いわゆる士気を鼓舞する意味もあって宣伝を試みたものに相違なかった。逆宣伝は終始行なわれているので、日本側はそれを真に受けることもなかったが、空襲か、あるいはなにかほかの示威運動でもやる気かも知れない、という程度の話題には供したが、当方は独自の戦略を着々と進めて前掲の勝利を挙げたのであった。サボ島沖敗戦の当時とは違って、今度はアメリカも頬《ほお》かぶりはしなかった。二十七日のラジオ放送は、「今度の海軍記念日は有史以来最悪の日に終わってしまったが、いずれこれを償ってあまりある日が近く到来するであろう」と、敗戦を告白した。戦い終わって、日本は「瑞鶴」「隼鷹」の二隻を無疵《むきず》で残したのに対し、アメリカは、一時、太平洋から空母が一隻もなくなってしまった。サラトガは修理中であり、エンタープライズも破損してドックに入った。さすがのハルゼーも色を失った。ワシントンは憂鬱《ゆううつ》の雲におおわれ、楽観論で有名な海相フォレスタルさえも、記者の質問にノー・コメントと黙り込んだ。

もとよりサボ島海戦のパーフェクト・バットルとは比すべくもないが、この十対〇の勝負に較べると、三対二ぐらいの点差で勝利をおさめたことは間違いない。南雲・草鹿のコンビは、索敵力や航空基地の不利益な条件の下で、よく戦って勝った。山本長官は、帰陣した二人の肩を撫でて労をねぎらい、高く祝盃を挙げた。

敵の空母が全部姿を消してしまったのだから、追い討ちをかける相手もなく、また、日本の制式空母も、無疵は、「瑞鶴」一隻だけに減ってしまったのだから、これ以上冒険をこころみる手はなかった。第三艦隊はしばし休養に入った。前にも述べたように、戦艦が主兵である時代は風のように過ぎて、航空母艦と艦上機とが、いつの間にか海上決戦兵器となっていた。正確には、昭和十六年十二月十日、日本がそれをマレー沖海戦で予告し、ついでミッドウェー海戦で証明し、そうして日米両国がそれをガ島周辺の海上で実証したのであった。戦艦を中軸とする艦隊同士が一戦場に相見えて砲弾で勝負を決めるという海戦は、一九四二年以後の世界から影を没してしまった。

東ソロモン海戦でも、サンタ・クルーズ海戦でも、参加幾万の将兵は敵の軍艦を見ない。軍艦同士は百マイル以上離れた海上で、来襲の航空機と戦闘をするだけで、直接に敵艦と戦うことはない。空母は、その艦上機を敵艦の方向に飛ばせてしまった後は、自身の防御に専心する受動的な存在と化してしまうのである。そうして、航空母艦が防御に弱いことは説明するまでもない。サンタ・クルーズの一戦が終わったとき、日米の制式空母は、一時的ながら、日本一隻、アメリカ〇隻と消え果てたのである。修理中を加えると、二対二の同数に減ってしまったのだ。

これが、開戦から一年を経ない間にあらわれた二大海軍国の主力艦の実相であったとは、今日から考えても驚くべきニュースと言わねばならない。したがって、海軍主力艦の決戦は、その沈みやすい巨艦を、いかに早く再建補充するかの造船能力によって定まった。またその艦上機の消耗もはるかに予想を裏切って激甚であり、砲弾ほどではないにしても、砲弾に代わる殺傷の武器となっただけに、敵艦の上空に散る数は、艦隊司令官の胸を裂くように増大した。

当時はまだ「特攻」という名称はなかったが、母艦から飛び立つ搭乗員は、二年後に生まれた「特攻」の勇士と同一の覚悟をもって母艦を離れて行ったのである。もとより爆弾を抱いて体当たりをする戦術無視の非常手段とは異なり、巧みに操縦して巧みに爆撃する戦術の勇士として戦ったのであるが、敵の迎撃機と高角砲の雨を冒して戦った後、帰還した海上に自分の空母が浮かんでいるかいなか保障のできないのを覚悟で戦ったのだ。

サンタ・クルーズ戦でも、出撃機の四割近くが還らなかった。機はある程度補充されても、熟練した搭乗員は容易に得られない。これは空母海戦の大きい教訓として残った。同時に、空母自体の補充も間に合わず、その後約二ヵ年にわたって、空母決戦は太平洋上から影を没した。サンタ・クルーズの海空戦は、この意味でも記念すべき一戦であった。

第五章　タサファロンガ海戦の勝利

1　飛行場の破壊に向かう

わが秘密兵器「三式弾」をもって

ガダルカナル島周辺六回の海戦のうち、勝ったのは前掲の二つだけではない。もう一つ、アメリカが敗戦を公認したものがある。十一月三十日夜の、「タサファロンガ海戦」であって、それは、サンタ・クルーズ海戦よりも勝負がいっそうハッキリと数字の上にあらわれ、後者を「三対二」と算定したのに対比して、「四対一」で勝った戦さと判断することができる。サンタ・クルーズ戦の後に「ガダルカナル海戦」——日本名は第三次ソロモン海戦——が十一月十二日から十五日にわたって戦われ、激しい勝負を繰り返し、第一夜においては日本が大勝したが、第三夜にいたって逆転の大敗を喫したのであった。それから二週間を経てタサファロンガの勝利が偶発したのであるから、順序として、第三次ソロモン戦の次第を略記しておこう。

「ガダルカナル海戦」——第三次ソロモン海戦——の第一日は日本の大勝に終わった。十二日真夜中に両国の艦隊が意外の近距離において鉢合わせを演じ、戦艦が舷々相摩すといった凄絶《せいぜつ》なる乱闘を現出した一戦で、日本は旗艦「比叡」が損傷しただけで敵のカラガン艦隊を徹底的に叩いた。すなわち巡洋艦二隻と駆逐艦五隻とを撃沈し、司令官カラガンおよび次席指揮官スコット両提督を戦死に導いた一戦であった。

その詳細は、後に駆逐艦「雪風」の興味深い戦史を書くときにゆずり、十五日の敗戦の部分を一項だけ插《はさ》んでおく。この敗戦はアメリカをしてガ島戦の愁眉《しゅうび》を開かしめた転機の一戦でもあったから、物語として記憶しておいてよいものである。

前記十二日夜戦の大敗（カラガン、スコット両提督の戦死）と、引きつづき日本の大輸送船団が南下中であるとの報を聞いて、ワシントンはお通夜のように静まりかえった。ルーズベルト大統領は、「ガダルカナル島からは結局、撤退しなければならぬかも知れない」と考え出した（モリソン戦史）。また、海相フォレスタルはその私記の中で、

「そのときの私の神経の緊張は、ちょうどノルマンディー上陸戦の前夜ワシントンをつつんだ緊張と度合いを等しくするものであった」

と、その底知れぬ心痛の記憶を呼び起こしている。海相もまた、大統領とおなじく、「今度はやられるのではないか」と、終夜眠らずに海戦の後報を待っていたのだ。日本はそこまで追いつめたのである。

ところが、運命の神様は、日本に背を向けてしまった。日米のガ島血戦百余日、この辺で大勢が定まるというクライマックスに、転機は遽然《きょぜん》としてアメリカの側に傾いてしまったのである。カラガンとスコット両提督の艦隊を撃破した上は（十一月十二日）、日本は凱歌と共

に北に引き揚げるのが普通であったが、差し迫った戦略要請はそれを許さなかった。

前記のごとく日本は大船団が急派中であった。十月二十五日の第三次攻勢――第二師団のヘンダーソン基地総攻撃――失敗ののち、日本は第十七軍の総力を挙げて第四次総攻撃を敢行する準備のためであった。船団は、五十余門の重砲と、八万発の砲弾と、一ヵ月分の糧食(三万人分)と各科の補充将兵とを積んだ「決戦用船団」であった。大本営は、「今度こそは」の意気込みで、持てる全力を投入しようとした。この輸送を果たすために、山本連合艦隊の高速艦隊を動員し、まず第一に、ヘンダーソン飛行場を一時的に無力化する艦砲攻撃を加えることを不可欠の戦術と認め、かつて栗田艦隊の戦艦「金剛」「榛名」が果したHE弾の焼夷《しょうい》弾射撃(十月十三日)を再度断行しようとしたのだ。

十四インチ砲徹甲弾では飛行場の破壊に適しない。ところが日本には「三式弾」と呼ぶ秘密兵器があった。それは、昭和十三年、砲術学校教官中佐黛《まゆずみ》治夫が提案し、呉工廠の秦《はた》技師が設計し、中佐島田泰興が実験に当たり、のちに野村、江口、平塚ら各将校の協力によって昭和十六年に完成した「大口径の焼夷榴散弾」である。十四インチ砲弾について言えば、狙った点で爆発し、親指大の弾子約一千個が箒星《ほうきぼし》のように敵に向かって飛び、残りの弾体(四百キロの鋼)もその後に破裂するという恐るべき砲弾で、焼夷性は、樹脂、マグネシウム、硝酸バリウム等によって合成されていた。栗田はこれを一千発発射して滑走路の破壊と、飛行機および燃料の焼却とを遂行したのであった。阿部弘毅少将の砲撃艦隊が、戦艦「比叡」「霧島」を中心として出撃したのは、一にこの戦果を再現するためであった。

ところが、阿部艦隊は南進の途中で、十一月十二日夜半、敵艦隊と遭遇《そうぐう》し、不本意ながらも一戦をまじえざるを得なくなった。そうして前記のような勝利をおさめたが、それは戦術的には大勝であっても、戦略的には不成功に終わったわけだ。ヘンダーソン飛行場に行けなかったからである。そこで山本は一戦勝に満足せず、艦隊の踵《きびす》を返して飛行場砲撃の主目的のために突進させ、ここに第二回目のガダルカナル海戦を現出することになるのであった。

2　米の新戦艦部隊の出撃

わが潜水艦に出足を阻まる

陸軍のガ島決戦――三個師をもってする第四次総攻撃――を支援する山本五十六の戦略に対抗して、敵将ハルゼーの戦略にも油断はなかった。日本の総攻撃の迫っていることは、シヨートランド基地（ブーゲンビル島の南端に接した島）に集結中の大輸送船団を偵知することによって判断された。ここにおいて総指揮官ハルゼーは、十一月十一日、持てる全力の北進を命じた。兵を三分し、すなわち第一群は巡洋艦を中心とするカラガン少将の部隊、第二群は空母エンタープライズを中軸とする機動部隊、第三群は新鋭戦艦ワシントンおよびサウス・ダコタを中核とする巨砲部隊に分かって即時出動急進を命じたのであった。

前述のように、アメリカは一時的に空母全滅に陥り、エンタープライズ一隻がようやく動けるようになったが、甲板上の諸損傷はまだ修理が完成していない。しかし絶対の必要とあって、艦上修理に熔接の火花を散らしながら出撃した。光景悲壮である。しかもなお万一の急を慮《おもんぱか》り、艦上機の一半を一足さきにヘンダーソン飛行場に飛ばして空中戦に備えた（前記わが戦艦「比叡」を爆撃に来たのは、この先遣艦上機であった）。第三群の主力ワシントン、サウス・ダコタの両艦は建造されたばかりの十六インチ砲戦艦で、横浜へ来たミズーリ号と同型の強者《つわもの》、わが「大和」「武蔵」についで世界の第三位、第四位を占めるアメリカ海軍の虎の子であった。

この巨砲部隊は、出撃の翌朝、日本の水雷区域にはばまれて、十時間以上も遅れてしまった。水雷区域とは、米国がトーピドウ・ジャンクションの名で通称していた危険区域で、つまり日本潜水艦の出没海面を指して言うのだ。日本の潜水艦四隻ないし六隻（ときには二隻）は、常時ガダルカナル島の南方五百マイル前後まで進出し、ニューカレドニア（ヌーメア軍港所在）から、サン・クリストバル、サンタ・クルーズ、エスピリッツ・サント諸島を繋ぐ線の周辺を遊弋して敵艦を狙っていたのだ。空母ワスプの撃沈も、空母サラトガの大破も、ともにこの潜水艦が遂げた戦功であって、アメリカの艦船は、常時警戒を厳にしてこの海上を往復していたのだ。

十一月十二日朝、戦艦ワシントン号は、遠く朝靄《あさもや》のかなたに潜望鏡を視認した。変針して東北東に進むと、レーダーはまた敵潜らしいものを二万メートルの前面に感知した。護衛駆逐艦は爆雷戦に急航し、水上機も飛んで怪しい敵を攻撃した。この警戒戦闘のために意外の時を費やし、巨砲部隊のガ島到着は、ハルゼー長官が要求した期日よりも一日遅れて、十一月十五日朝になった。その前に、カラガン提督の巡洋艦部隊は軍需品と補充連隊を載せた船団をガ島に護送し、そのまま北進して、十二日夜半の遭遇戦に大敗したという次第である。アメリカ海軍のホープの一人であったカラガン少将と、エスペランス岬海戦の戦勲者スコット少将とが、枕をならべて戦死したことは、ヌーメア基地にも、ワシントン首府にも大きいショックをあたえた。猛将ハルゼーは髪を逆立てて復仇を叱咤した。ワシントンはお通夜で後報を待っていたこと前述のとおりである。

空母部隊と巨砲部隊とは、罐を真っ赤にたいて北進した。が、わが潜水艦の妨害に会って予定が遅れている間に、山本五十六の第一弾はヘンダーソン飛行場に炸裂した。すなわち、「比叡」の不運を聞いて、急遽ヘンダーソン基地の砲撃に直進させた第一陣、西村祥治少将の高速巡洋艦隊――大巡「鈴谷」「摩耶」、軽巡「天龍」、駆逐艦四隻――は、首尾よくルンガ岬に到達して、八インチ焼夷弾を飛行場に撃ち込んだ。

敵の戦艦部隊が遅れた隙をねらって砲撃をまっとうしたわけである。さきに栗田の戦艦戦隊に焼撃された苦い経験をなめているヘンダーソンの米軍は震えあがった。が、焼撃の戦果は、飛行機十八機を破壊し、三十二機が損傷しただけで、前回のように、基地が一面火の海と化し、飛行機四十五が破壊され、搭乗員四十一名が戦死、同数が負傷、ガソリンが全滅するといった大被害はなく、滑走路もぶじで、日出とともに飛行機が飛び立った。八インチ砲と十四インチ砲の威力差はこれほど大きい。どうしても十四インチの焼夷弾でなければならない。この欲求が「ガダルカナル海戦」――第三次ソロモン戦――を、最後の凄惨に導くのであった。

3　わが船団十一隻全滅

ガ島補給戦に致命的の打撃

少将西村祥治は、八インチ焼夷弾の予定量全部を敵の飛行場に撃ち込んで、十四日の未明にさっさと空襲圏外に引き揚げてしまった。生き残った敵機（ヘンダーソン基地の）は、夜が明けて後に追いかけたがおよばなかった。一方に、急報を受けて疾駆して来た空母エンタープライズも間に合わずに無念の歯を嚙みしめた。が、追撃した同艦の艦上機は期せずして大物にぶっつかった。三川中将の第八艦隊——大巡「鳥海」「衣笠」、軽巡「五十鈴」、駆逐艦二隻——が、輸送船団の外援部隊として行動中なのに出会ったのである。サボ島海戦の怨敵ご参なれ、とばかりに喰い下がった敵機は、執拗《しつよう》勇敢に戦って大巡「衣笠」を撃沈、旗艦「鳥海」にも数弾を見舞って、五時間あまりの長い戦闘を戦い勝った。

ついでながら、「衣笠」が沈んだので、三川艦隊は急に淋しい兵力に落ちてしまった。大巡「加古」は、サボ島戦勝の帰途、八月十日、カビエンの根拠地近くで敵の潜水艦に沈められ、大巡「古鷹」は、十月十二日のエスペランス岬海戦で没し、同「青葉」は大破して修理のため帰国した。サボ島海戦の完全勝利を挙げた名誉ある大巡五隻のうち、三隻が三ヵ月の間に沈没し、一隻が大破して戦列を去るというのは、栄枯盛衰を物語るにはあまりに早い海戦のテンポであった。ガ島周辺の死闘の凄まじさを語る有力なる一証とも言えるであろう。

三川軍一中将の艦隊は、ガ島周辺の死闘の凄まじさを語る有力なる一証とも言えるであろう。

空襲に撃たれたが、ほとんど同時刻に、田中頼三少将直衛の輸送船団は、同島の東方――中央水道――において敵の基地空軍に捕まってしまった。田中少将は駆逐艦十一隻をもって、同数の大船団を護衛南下中であった。決戦船団とも言うべき超重要の船団であったから、空には一群の零式戦闘機が護って万全を期していた。

ところが、敵機は遠くエスピリツ・サントから参加したB17（空の要塞）十五機をはじめ、ヘンダーソン基地から爆撃機十八、エンタープライズの雷撃機十二が、おのおの有力なる戦闘機に護られて数時間にわたる攻撃を反復した。わが零戦は依然優秀な戦力を示したが、その数はとうてい所要に足りず、このころから空の消耗を補う力の不足を痛嘆する段階を示していた。これに反して敵の戦闘機ワイルド・キャットは、性能とともにその数を漸増し、この空中戦でも優にわれを圧倒して爆撃機の自由なる活躍を援けた。敵の爆撃機は、ヘンダーソン基地からの補給によって再出撃が可能であり、もっぱら船舶をねらって、午後四時ごろ（十四日）までに、十一隻中の七隻を撃沈してしまった。敵にとっては開戦以来の空軍の大勝利であり、日本にとっては、ガ島補給線――東京急行――に最大の穴をあけられた痛傷となった。

第二水雷戦隊の司令官田中頼三は天を仰いで浩嘆《こうたん》したが、嘆いている時間は三十秒も許されない生死の土壇場だ。重砲や弾薬はたちまち海底に没したが、幾千の将兵は海面に必死の泳ぎを闘っている。各船に一隻の割合でついていた駆逐艦は、溺《おぼ》れる陸兵の救助に懸命である。この日風浪なく、大部分の兵を拾い上げた田中戦隊は、それを各駆逐艦に分割収容したが、さて、縁起最悪の航海を打ち切って引き返すか、それとも残った船団四隻を護ってガダルカナル島に突進をつづけるか、深刻なる迷いの一瞬を蹴って、田中は続進を決行した。日ようやく暮れて敵機が影をひそめた暗夜を利し、船団は翌未明、エスペランス岬の浜辺に突っ込んだ。兵は丸腰の身軽さを、ボートから浅瀬に飛びおりて砂の上で足を伸ばした。船舶のクレーンは、好運を唄《うた》うがごとくに鳴り出した。

途端に、ヘンダーソン基地を飛び立った爆撃機の編隊は、後から後からと押し寄せて、幼児ほどの抵抗力も持たない船団の上に爆弾を落としはじめた。帰投中の駆逐艦なぞには目もくれない。四隻に満載された軍需品を屠《ほふ》ってしまえば戦略満点なのである。結果は、四隻ことごとく転覆あるいは炎燃して、敵は満点の成績を収めた。船団十一隻全滅、弾薬糧食海没（注、正確なる陸揚げ量は、人員二千名、米麦千五百俵、弾薬二百六十箱）。ガ島が「餓島」の異名を帯びて敗北の坂を下りはじめたのは、じつにこの一日の輸送戦に発するのであった。

4　ふたたび飛行場砲撃へ

敵は戦艦二、駆逐四で迎撃

航空機対軍艦、とくに無防御の商船との会戦は悲惨そのものである。山本長官が、万難を排してもヘンダーソンの航空基地をたたこうとしたのは道理である。戦艦「比叡」「霧島」をしてこの戦略目的を遂げさせようとした十一月十二日の出撃は、不幸にして「比叡」の沈没を見るにいたったが、「霧島」はなお健在である。山本は出鼻を挫《くじ》かれても決してあきらめなかった。すなわち、自分の代理として水上部隊を指揮させていた中将近藤信竹に命じ、残存艦を率いて敵飛行場の焼夷砲撃を断行させることにした。

近藤(第二艦隊司令長官)は攻撃部隊の総指揮官として、阿部戦隊の後方を進撃していた。「霧島」が退いて来たのを収容してただちに「飛行場砲撃部隊」を再編し、旗艦「愛宕」に坐乗してルンガ岬へと突進した。警戒部隊の第一陣(少将橋本信太郎)に軽巡「川内」、駆逐艦三隻を配し、第二陣(少将木村進)に軽巡「長良」、駆逐艦六隻を配し、その後方を、大巡「愛宕」、同「高雄」、戦艦「霧島」が続航した。橋本はサボ島の東側に沿うて南下し、木村は西側を回って索敵航進し、その直後を近藤の本隊が進んだ。近藤は、前述田中頼三の残存船団四隻が、ガダルカナル島に到達する時間を狙って、飛行場砲撃を開始する計画であった。十一月十四日の夜のアイアンボットム海域は、風死し海眠って残月空にかかり、不気味なる様相が夜戦の突発を予告するようであった。

この日本の砲撃を阻止逆襲するための米軍の第三陣巨砲部隊は、ほとんど同時にサボ島に近づきつつあった。十六インチ巨砲を備えた新鋭戦艦ワシントンと、サウス・ダコタの二隻であった。両艦は、巡洋艦をともなわず、わずか四隻の駆逐艦だけを直衛として初陣に上った。出撃の前に、幕僚たちは、新造の二大戦艦を、サボ島付近の狭い海域で作戦させることを冒険と認め、かつは同行の駆逐艦四隻も、司令を欠いた「寄せ集め」で、まだ一回も協同訓練をしたことのない二級品であるから、両三日待って艦隊の再編成を可とする旨を勧告した。

ところが総指揮官ハルゼーは、「今度は俺の手許には一隻のボートも残さぬ」と怒鳴って慎重論を一喝《いっかつ》し去った。そうして十二日深夜、カラガン提督戦死の報を聞くや、ワシントン号坐乗の司令官リー提督に電報し、全速サボ島海面に急航して日本の水上部隊を撃砕せよと厳命した。電波探知機の権威者であり、またその操作においても第一人者と称せられていたリー少将は、科学者的慎重のほかに、十分の闘志と作戦眼とを持っていた。日本水上部隊の所在に関する情報を集めながら北進し、十四日午後九時前後に、サボ島の南水道に到達し、ただちに日本部隊をレーダーの画面にとらえた。その距離一万七千メートル。それは、日本の軽巡「川内」と駆逐艦「敷波」であって、近藤の本隊ではなかった。「川内」もまた、約一万メートルにおいて敵影をとらえた。サボ島を背に、月光を斜めにして、遠く敵を発見するわが自慢の見張員の視力は、少しも新式のレーダーに負けなかった。

「川内」はただちに旗艦「愛宕」に通報した。「敵の巡洋艦二、駆逐艦四、サボ島南水道を北進中。速力二十四ノット」数はそのとおりであったが、戦艦を巡洋艦と間違えたところに痛い喰いちがいが生ずるのである。いな、その間違いは「川内」の見張員だけの過失ではない。それより二時間前、わがレカタ基地の水上偵察機が最初に発見報告したのが「巡洋二、駆逐四」であり、第二次報告もまた同様であったので、近藤中将は敵を巡洋艦隊の一分派と思い込んでいた。近藤ばかりでなく、それはわが全将兵の先入主となって少しも疑いを插まなかったところである。

近藤信竹は楽観の微笑をもらした。敵は巡洋二、駆逐四の微力であるから、わが前衛隊たる軽巡二、駆逐九をもって十分に処理し得べく、「霧島」「愛宕」「高雄」の三艦は手を出す必要がない。敵艦の相手にならず、一意ヘンダーソン基地に殺到するのが砲撃部隊の狙いである。阿部少将の場合でも、五マイル前方に前衛隊を派したのは、それによって敵の妨害部隊を追い払い、その隙にルンガ岬に直進するためであった。いまやこの形が期せずして出現しようとしている。近藤は、前衛戦の場を避けて、サボの北水道から突進を開始した。

5 「霧島」もまた沈む

敵新鋭戦艦の砲撃威力

敵艦が、四万五千トンの新鋭戦艦とは知らずに、軽巡「川内」(五千トン)と駆逐艦「敷波」「浦波」とは全速力で突進し、着弾距離に迫って砲門を開いた。西方を迂回して進んでいた駆逐艦「綾波」も、敵影を発見して魚雷射程に邁進《まいしん》した(十四日午後九時)。

このとき、日本軍のためには幸いにも、新鋭戦艦サウス・ダコタは戦闘準備中に発電機を故障し、電力を基幹とする戦力がすべて消えてしまった。肝腎のレーダーが働かなくなったのはこのうえもない痛手であった。しかし、しばらくにして復旧なった敵戦艦の砲力は凄まじく、わが軽巡洋艦の太刀打ちできるものではなかった。これを沈めるのは魚雷しかなく、そうして、それこそわが軍の得意の芸であったはずだが、こんどは敵のためには幸いにも、この夜の日本の魚雷は戦争中最低のものであって、合計三十四本を発射したにかかわらず、戦艦には一本も命中せず、わずかに駆逐艦を撃沈破しただけで、ついに大物を逃がしてしまった。

その後サウス・ダコタは、旗艦ワシントンのはるか後方から続航して戦っていたが、ちょうどわが「霧島」以下三艦の集弾を蒙《こうむ》り、艦上構造物に相当の被害を受けた。艦長ガッチ大佐は、自分の戦力と被害の程度から見て、身に迫る危険を案じ、ひとまず戦場を離脱するを賢明と信じ、十五日午前零時、ガ島の北方を回って戦列外に去った。

のこるは新鋭戦艦ただ一隻だけとなった。直衛の駆逐艦四隻のうち、ウォーク号とプレストン号は開戦間もなく撃沈され、つづくベーナム号も大破し、グウィン号が小破という敗北で、戦艦ワシントン号が文字どおり孤独の一艦となった。しかし、司令官リー提督は屈しなかった。九門の十六インチ砲はかざり物ではない。乃公《おれ》一人で沢山だ。三発や五発の魚雷で沈むワシントンではない。日本の水上部隊を撃砕して飛行場を保全すべし、というハルゼー長官の命令は、いまこそこの大戦艦をもって果たして見せるという自信を冷静に堅持した。

かくてリー提督は、駆逐艦グウィンをしてベーナム（のち沈没）を援《たす》けて戦列外に去ることを命じ、単艦悠然として近藤中将の主力を求めて北進した。

一方に、近藤は南東に砲声を聞き、前衛部隊の勝利を信じながら南下中、軽巡「長良」から「戦艦三隻見ゆ」との通報に接し、それから間もなく、わが生き残り船団四隻が田中戦隊に護られてガ島に近接中であることを知った。そこで近藤は飛行場直航の方針をひるがえし、いったん前記の敵を屠って後にまわろうと変意し、艦隊を直角に右転して北上についた。そ れがはしなくも、敵戦艦ワシントンと併航戦を演出する契機となるのであった。しかも、見張員の目は米国の新鋭戦艦を最適の距離に発見することができず、敵のレーダーもまた、わが主力をようやく八千四百メートルの近距離で捉え得たに過ぎなかった。

ワシントンが発射した十六インチ砲弾七十六発のうちの九発が「霧島」に命中した。後部の二砲塔は破壊され、艦橋にも直径二メートルもある大穴が二つもあいた。そうして、一弾が舵を破壊してしまった。前々日、姉妹艦「比叡」がやられたのとおなじ場所である。戦闘開始後わずか七分にして、戦艦「霧島」は左へ旋回をつづけて戦列から脱落してしまった。艦長大佐岩淵三次は人力操舵に切り替えて戦列にもどろうとしたが、敵弾はつづいて炸裂し（五インチ砲弾四十発が当たる）、艦上は大火事となり、艦内にはパイプ破損、蒸気噴出、通風不良という事故が続出した。その結果、機関部員はほとんど戦死して、艦は動かなくなった。岩淵はやむなく総員退艦を命じ、キングストン弁を開いて「霧島」を海底に沈めた。マストが見えなくなったのは、午前一時三十分。サボ島の西方十一マイルの地点である。

「霧島」がやられてしまっては、「愛宕」「高雄」ではしょせん勝負にならない。近藤は艦をあつめて北方に退いた。間もなく、同方向に戦場を離脱中の敵艦ワシントンを発見、遠方（一万五千メートル）から魚雷攻撃をおこなったが、一発も当たらずに終わった。かくして「ガダルカナル海戦」——第三次ソロモン海戦——は、第一日には大勝したが、第二、第三の会戦で終局的に敗れた。大統領ルーズベルトはこの戦勝の報を受けて、

「これで、ようやくこの大戦争の目鼻がついたようだ」

と歓喜した。日本の「輸送作戦史」の最暗黒のページであった。

6　駆逐艦の「丸通」

戦隊を挙げて運送に突進

ワシントンの白亜館《はくあかん》で、ルーズベルトが「戦争の見通しがついた」と歓んだのと同日に、ロンドンでは、チャーチル首相が、“the end of the beginning”と警句しつつ、ハイボールを傾けた。苦しい緒戦は終わった、対日戦争勝利の幕はこれからはじまる、という歓声だ。それほどに「ガダルカナル海戦」は米英首脳を歓ばせた。日本は、敵の新鋭戦艦一隻を中破し、駆逐艦三隻を撃沈したのだから、大本営の「勝利」の発表も真っ赤な嘘ではなかったろうが、事実は「負け」と言う方が本当であった。

戦艦「霧島」も、建造後二十七年を過ぎた老朽艦であることを思えば、年貢の納め時という見方もできたであろう。ただ、戦艦補充の造船力を持たない日本にとって、「比叡」と共に二隻をいっきょに失ったのは痛傷に相違なく、高速戦艦が二隻しかなくなったのは（「金剛」と「榛名」が残る）、ソロモン海戦をつづける上に大きい戦術的制約を受けることをまぬかれなかった。このガダルカナル海戦の三日間における彼我の損害は、沈没艦において、日本側の戦艦二、巡洋一、駆逐二に対し、米国側は巡洋二、駆逐七であるから、米の戦艦一隻中破と司令官級二提督の戦死とを計算に入れて、勝負の点数は、三対二ぐらいの接戦で負けたと判定しても自惚《うぬぼ》れに失することはないかも知れない。

だが、ルーズベルトやチャーチルを大いに歓喜させたのは、その海戦における軍艦の喪失比較ではなくして、日本の輸送船団十一隻を全滅させ、ガ島補給線の遮断に光明を発見したところにあった。ガダルカナル島の戦闘は補給の戦闘となっていた。日本はラバウルから、米国はヌーメアから、おのおの一千キロの海を越えて、軍隊と軍需品とを投入する戦いである。「東京急行」に対する「ターナー輸送」の戦いである。そうして元締めに山本五十六とハルゼーが睨み合っていた。二人はともに、太平洋上の決戦を望んでいたが、戦局はそれを許さず、一地点への輸送作戦とその妨害作戦とが、日米海戦の全部となっていたのだ。

その作戦の見通しが、十一月十四日、十五日の海戦を終わって、にわかにアメリカ側に光明を増したというのが、ルーズベルトおよびマーシャル、キング両幕僚長の歓声となって爆発した理由なのだ。「これで戦争の前途に目鼻がついた」とは、よほどの欣喜と自信とがなしには発し得ない言葉である。日本は、「最後の総攻撃」のために企てた重砲陣設営のための大量軍需品のほとんど全部を海没してしまったばかりでなく、ただでさえ悩んでいた船舶の不足の危機に、十一隻を根こそぎ撃滅されたのだから、大本営が受けたショックは、抜本的に大きかった。船舶の配分に関して、田中作戦部長と佐藤軍務局長の殴り合いが起こったのもその直後の出来事であった。

米国の空軍は日ごとに増強されて、ソロモン群島の制空権は逐次彼の手ににぎられて行った。海上も、レーダーの普及と、夜戦の熟達とによって、わが海軍の独擅場《どくせんじょう》をおかすまでになった。日本の輸送作戦はだんだんと苦しくなり、「東京急行」――ガ島補給線――も準急から普通列車に落ち、それも不定期の鈍行と変わりつつあった。船舶が払底したからといって、ガ島の将兵二万に糧弾を補給しないわけにはいかない。さきに陸兵を夜中に小刻みに運ぶので「鼠輸送」と称したが、今度は荷物を運ぶので「丸通」と改称した。米麦をドラム罐につめ、駆逐艦が暗夜それを満載して急行し、浮標をつけてガ島北端の岸辺に放り込む方法である。

駆逐艦の甲板は、綱でつないだドラム罐が一杯で人間の通る道もない。爆雷はもちろん、予備魚雷も下ろし、弾薬も半減してドラム罐の積載量を殖やす。軍艦ではなくて運送船である。戦うために身を海軍に投じた将兵の不満は言うまでもなかったが、考えてみれば、この運送なしには二万の陸軍が餓死するとあっては、不平不満もいつしか忘れられて、それが主作戦の出陣と考えられるようになった。わずかに、自ら呼んで「丸通」と言い、昼間はショートランドの営業所に陣取って米空軍の定期便的空襲と戦い、そうして夜間、三十ノット以上の速力でガ島に走るのを業とするにいたった。その間、十一月三十日、この「丸通」の八台が、敵の戦車級自動車群と遭遇して、意外の大勝利を博するという快報がつたえられた。タサファロンガ海戦がそれである。

7　丸通艦隊ガ島に近づく

暗夜に米快速隊と遭遇す

日本海軍が万難を排しつつガダルカナル輸送を戦うのと同様に、アメリカ海軍も全力をあげてそれを苦闘しつつあった。総司令官ハルゼーは、十一月十五日の戦勝を特賞されて大将に昇進したが、そのガ島補給の任務はますます重きを加えつつあった。ヘンダーソン基地の占領から保全のために戦って来たヴァンデグリフト中将の海兵第一師団は、百日の戦闘に疲れ、三回にわたる連隊の補充増強は行なわれたが、主戦力としての大任を他の師団に交替する時機がつとに迫っていた。

海兵第六連隊をニュージーランドから、陸軍歩兵第一六二連隊をニューカレドニアから輸送するほかに、主力としてパッチ少将の陸軍第四師団を送り込むのが、「十二月計画」の要点であった。兵隊ばかりではない。クリスマス用の七面鳥を用意することも、アメリカの遠征軍には欠くことのできない補給であった（日本の「東京急行」は、正月の餅どころの騒ぎではなかったが）。ハルゼー大将は、修理ずみの空母サラトガとエンタープライズを主力とし、戦艦ワシントン、インディアナ、ノース・カロライナの三隻を協力部隊とし、さらに真珠湾から生き返ったメリーランドとコロラドの二艦（十二月八日に爆沈された「長門」級戦艦）を予備とし、そうして第一線に大巡四、軽巡一、駆逐六からなる快速部隊を編成して、十二月の補給任務を果たす方針を定めた。

その快速前衛部隊は、十一月二十八日、ライト少将を司令官として、ガダルカナル島方面に出撃した。日本が「東京急行」を準備中であることを知って、これを撃破するためであった。日本のこの輸送作戦は、前述の「丸通輸送」であった。少将田中頼三の率いる第二水雷戦隊の駆逐艦八隻が、おのおの二百本のドラム罐を積んでガ島に暗夜密航しようとするのであった。みな三十ノット（五十五キロ）以上の速力を有する駆逐艦で、「長波」「高波」

「巻波」「陽炎」「黒潮」「親潮」「江風」「涼風」がそれであり、「長波」と「高波」とは、敵襲の万一に備え全艦武装して前後を警戒し、他の六隻が「運送船」となってお米運びに従事したのであった。十月十五日に、待望の輸送船団が全滅した後のガ島将兵は、少ない定食量をさらに五分の一に減じて「東京急行」の再来を待っていた。田中が強行せんとする「鼠輸送」のドラム罐千二百本は、どうやらその定量を三分の一程度に復し得て戦力の再興に役立つであろう。

田中は六十キロの高速で突進し、十一月三十日の暗夜、ガ島のタサファロンガ岬（北端エスペランス岬から南へ十三マイル）の近くに到達した。陸兵は、椰子《やし》林からダルマ船を引き下ろして、沖合いに投下されるであろうドラム罐を受け取る用意に全力を挙げて、首を長くして灯火信号の閃《ひらめ》くのを待っていた。そこへ、闇のなかから現われたのが、前記ライト提督の指揮する巡洋艦五、駆逐艦六からなる快速艦隊であった。

田中頼三は、二十九日夜九時にショートランドを出航、姿を隠すために北方航路を南下したが、翌三十日の早朝にいたって早くも敵機に発見されてしまった。従来は、かかる場合には反転運動を行なうのが彼の常法であった。すなわち敵機に発見された場合には、いったん出発点の方向に退いて行方を晦《くら》まし、敵の虚を狙って再挙するのであったが、それは船団を護送する場合の作戦であって、今度は違う。駆逐艦の猛者《もさ》ばかりの進軍であるからは、敵機に見つかってもあえて退避せず、なるべく日没後に敵の空襲圏内に入るよう航程を調整し、夜になって猛然突進する方針をとった。そうして全艦に対し、「夜暗に敵の艦隊に遭遇したる場合には、ドラム艦を放棄してただちに戦備につき、もっぱら魚雷戦を敢行する準備にあるべし」と命令しておいた。会敵の場合にはドラム罐を背負って逃げることを止め、運送船から駆逐艦に立ちなおって本来の戦闘を断行するという決意である。

二週間前に、十一隻の船団を護送中、逃げて七隻を失い、進んで四隻を撃砕された駆逐戦隊将兵の胸中には、今度敵に出会った場合には、魚雷戦の鬼となって復仇の一戦を勝ってやろうという闘志が炎上していたことであろう。ドラム罐の惜しいことはいうまでもないが、それを満載したまま撃沈される危険性と、ドラム罐だけを失って駆逐艦自体を救い、あわせて敵に一撃を加える戦闘の可能性とを対比すれば、海軍将校ならずとも後者に赴くのが当然と考えられる。田中はその当然の道を邁進したのであった。

8　揚陸やめて全艦突撃

魚雷攻撃に敵陣たちまち乱る

接岸陸揚げも三十分の後に迫ったわが第二水雷戦隊の前に出現したライト少将の艦隊は、大巡ミネアポリス、ペンサコラ、ニューオルリーンズ、ノーザンプトン、軽巡ホノルル、駆逐艦六隻からなる有力なる一群で、すでに偵察機によって、日本艦船の南下を午前中に承知し、自らも、レーダーによってこれを二万三千メートルの北方に捉え、サボ島の西方に進出してわれを待っていたものである。

珍しく敵の夜間哨戒機三機がわが艦隊の上空を舞って照明弾を投下し、形勢の容易ならざることを感知させたが、レーダーを持っていない日本軍は、手のとどく前面に大敵が待っているとは知る由もなかった。陸揚げ地点が近づいたので、第十五駆逐隊（司令佐藤大佐）の「陽炎」「親潮」「黒潮」はタサファロンガの岸に、第二十四駆逐隊（司令中原大佐）の「巻波」「江風」「涼風」は、セギロウの沿岸に向かい、「長波」（田中司令官坐乗）と「高波」とは外方の警戒についた。十一月三十日午後八時三十分ごろの陣形で、すなわち三隊に分散して陸揚げ実行の準備に差しかかっていたのだ。

すると午後九時十三分、外方遙かに警戒中の「高波」（艦長小倉中佐。第三十駆逐隊司令清水大佐坐乗）から、「東方に敵艦七隻見ゆ」という電話報告が入った。驚くべし、「高波」の見張員は、約一万メートルの遠方に敵影を発見したのであった。とっさに「揚陸止め。戦闘配置につけ」の命が下り、つづいて「全軍突撃せよ」の戦闘開始令が一下された。

間もなく、雨下する敵の照明弾と曳光弾のために、戦場は白昼のように明るく、駆逐艦の突進にははなはだしく不利益であったが、すでに「全軍突撃せよ」の命を受けた各艦は、おのおのその目標とする敵艦に向かって魚雷の好射点へと猛進して行った。最前方を勇敢に突き進んだ「高波」は敵の集中弾を受けて、清水司令も小倉艦長も倒れ、また汽罐を射貫かれて立ち往生に陥ったが、他の七艦は分散して魚雷の好射点に突入し、二本三本と大火柱の天に冲するのを目撃して万歳を絶叫しつつ戦った。

敵艦隊は、駆逐三―巡洋五―駆逐三の一列単縦陣で北方に航していたので、わが第十五駆逐隊は正横から迫って同航発射を行ない、第二十四駆逐隊は反航態勢で発射を行ない、何艦が敵のだれを撃ったのかは不明だったが、命中精度は平時猛訓練の結果を的確に現わし、去る十五日の「ガダルカナル海戦」当時とは別海軍のようなお手並みを見せた。日本独特の九三式酸素魚雷の爆音と破壊力とは、敵艦隊の士気を沮喪《そそう》させる大きい原因となった。ライト艦隊は、艦は揃《そろ》っていたが、気は揃っていなかった。烏合《うごう》の衆とは言わないまでも、一つのチームとして戦うだけの訓練を積んでいなかった。

のみならず、ライト少将は着任したばかりの指揮官であった。ほんらいはキンケード提督が司令官として統率していたのが、十一月下旬に入って急に真珠湾司令官に転勤を命ぜられたので、にわかに代理を仰せつかったわけである。キンケードはガ島戦場のベテランで、長く空母エンタープライズ群の司令官として幾回も対日戦闘を経験した勇将の一人であった。後にマックアーサー遠征軍の海上部隊を担当して一倍名を揚げたが、十一月下旬には、どうした人事の都合か、真珠湾に回され（ついで北太平洋方面司令長官）、その後釜《あとがま》としてライト少将が任命され、あわてて対日ガ島作戦の机上図を眺めるといった実情であった。

したがって、同提督はこの方面にはまったくの素人《しろうと》、加うるに、部下の諸艦長とも顔馴染《かおなじ》みが少なく、全軍心を一にして戦う点に遺憾があった。そこへ旗艦ミネアポリスが逸早く魚雷二発を艦首に受け、第一砲塔が爆破されて火を発し、石油貯蔵庫に燃え移って火焰空を焦がすにいたって、艦隊の戦意はにわかに低下した。

二番艦ニューオルリーンズは、傾き燃ゆる旗艦を左方によけたところを、真横から雷撃され、艦首百二十フィートを剝ぎとられてしまった。全艦の五分の一が吹ッ飛んだわけだ。そうして艦の中央部には、火の手が高く揚がっていた。上空に飛来した敵機の報告に「日本の輸送船らしきもの三隻炎上中」とあったのは、じつは米軍の旗艦ミネアポリスと、二番艦ニューオルリーンズと、わが駆逐艦「高波」の三隻であったわけだ。敵はガ島補給の主体は依然輸送船であり、少数の軍艦が護衛しているものと勘違いしたらしく、その全部が、ドラム罐を捨てていなおれば、ことごとく雷撃夜襲の強者ばかりであるとは、ライト提督もその幕僚も気がつかなかった（注、レーダーは二万三千メートルで、敵影を発見したが、艦種の識別はできなかった）。この意味で、敵は待ち伏せていながら、逆に奇襲を喰った形となった。

9 ライト艦隊壊滅す

駆逐戦隊は十五分で快勝した

旗艦は大火災に悩み、かつ汽罐室に浸水してほとんど行動の自由を失い、二番艦ニューオルリーンズは艦首を失って速力がようやく三ノットという窮状に陥った。三番艦大巡ペンサコラは危うくこれを避けて右転したところを、これまた連続雷撃され、水線下の大穴から滝のように流れ込む浸水に、みるみる十度近く傾いて戦力の大部分を失った。

そのつぎに進んでいったホノルルは、身軽の五千トン級巡洋艦で巧みに外方に避けて、日本の魚雷斉射からまぬかれたが、五番目に位置した一万トン大巡ノーザンプトンは、図体も大きく操舵が緩慢であったので、三発ほどを一度に喰い、大振動のために砲塔二個が曲がってしまったばかりでなく、これも舷側に大穴を開けられてたちまち艦が傾きだした。電源を完全に破壊されてすべての動力は止まり、艦内は闇となって、自分の火事によってようやく物を見る状態となった。浸水があまりに激しく、全員必死の消火と排水も効なく、駆逐艦フレッチャーおよびラードナーが救済におもむいたが手の下しようがなく、十五日午後十一時についに沈没してしまった。旗艦ミネアポリスの火災は容易に消えないばかりでなく、左方に八度傾斜し、速力は五ノットしか出ない。これでは、日本の駆逐艦に撃って下さいと身を曝《さら》すに等しいので、ライト司令官は指揮をチュースデール少将（ホノルル坐乗）に譲って東方ツラギ港に退却を開始した。

　これより先、ツラギ港に向かって退却中の他の一艦は、ニューオルリーンズ号であった。艦の五分の一を失って、ようやく三ノットの速力しか出ない。しかも応急操舵は不可能となり、まったく戦闘力を失ったので、艦長ローバー大佐は自衛のために戦列を脱し、駆逐艦モーリー号にまもられてツラギへと徐航したのであった。三番艦ペンサコラの火災も酷かったが、それが機関銃の弾庫を爆破し、延燃して八インチ砲弾がつぎつぎと爆発したときは、艦の運命危殆《きたい》に瀕したが、艦長ローエ大佐は、被害防止法の専門家であると同時に有名な闘将であったので、陣頭に立って全員を激励しつつ東方に牛歩の退却をつづけ、駆逐艦パーキンス号の援助をまって、翌日の正午ごろにツラギ港外に辿り着いた（戦場とツラギ港の距離は十八マイルしかない）。

　以上はアメリカ側の戦史から概要をとって紹介したものだが、こう見ると、五隻の巡洋艦隊中でぶじであったのは軽巡ホノルル一隻に過ぎず、他の主力大巡は、一隻が沈没し、残る三隻が沈没寸前に対岸の要港に逃げ帰ることができたという重傷だ。しかもその退却には、各艦が一隻ずつ駆逐艦を連れて行ったので、ライト艦隊の戦力は、開戦十五分にしてはやくも「軽巡一、駆逐二」という微弱なものに陥り、田中頼三の暴れ回るままに任せて敗退したわけである。

アメリカの公認戦史は公平に戦評を付している。それによると、サボ島敗戦(八月九日)の痛傷に鑑《かんが》み、米海軍は、沈没を防ぐための損害修理方式(ダメージ・コントロール)を鋭意研究し、消火に排水に格段の進歩を遂げ、十一月三十日には、それによって三艦を救うことができた。もしこの損害を八月九日にこうむっていたと仮定すれば、ミネアポリス、ニューオルリーンズ、ペンサコラの三大巡は沈没していたこと疑いないと言っている。四ヵ月前にこれだけの傷を受けたら、これらの大巡は沈んでいたと公認される打撃を、田中は敵にあたえた。沈めたのは一隻であったが、それに近い大破損を彼にあたえ、己れは「高波」一隻を失っただけで戦闘を終わったのは「完勝」と称して差し支えないであろう。アメリカもこの敗戦を〝A sharp defeat〟と言っている。

大巡ミネアポリスは、排水と応急修理をすませて本国の工廠に入渠し、本式修理を終わって出航したのが翌年の九月であった。ニューオルリーンズもプレーマートン工廠で一ヵ年半の大修理を要し、ペンサコラも、翌年十月になって真珠湾の工廠から出航した。一年間沈められていたのと同じことである。

私はこれ以上の戦果を求めることを貪欲《どんよく》と思うが、戦った艦長たちは、戦闘直後になお魚雷が各駆逐艦に残っていたことから考え、モウ一歩追撃したら全滅させることができたのに誠に惜しいことをしたと述懐している。三ノットや五ノットで燃えながら退いて行く敵の三艦を、アト五分か十分追ったら、完全に引導を渡すことができたであろう。田中は一歩早く引き揚げすぎた憾《うら》みがあった。が、それだからと言って、この大戦勝を割り引くことはできないのである。

10　米戦史、敵将たたう

勝因に見張員の視力

米国は日本のガ島補給――東京急行――の最大の船団を殲滅して（十一月十五日）、大いに自信をつける一方、この機会に自軍を増強して年内に日本軍をガ島から追い払うか、あるいは北西端の一隅に追いつめて「無力の集団」と化せしめるか、いずれにしても、ソロモン戦争の大局を一両月の間に決定しようと計った。そこで十二月から陸海空の三軍を増強し、ガ島の北端に向かって大進撃を敢行する手筈を整えた。

その第一陣が、ガダルカナル島に到着するちょうどその日に、日本の「東京急行」と鉢合わせをする運命となった。すなわちライト提督の巡洋艦部隊は、ルンガ岬において日本軍の南下接近を知り、これを迎撃すべく北進し、距離二万三千メートルにおいて田中戦隊を捕捉したのであった（SG式レーダーにより）。レーダーはこのころになってようやく信頼度を高め（総将ニミッツ提督は、しばしばレーダー過信を戒めて来た）、二万メートル以上の遠方に敵影を映し出すにいたったが、退いて日本の「猫の目」も依然としてあなどることを許さなかった。超人間の視力と、優秀なレンズと、猛訓練とは、初期のレーダーに負けないだけの暗夜視認力を発揮したのであった。

駆逐艦「高波」の見張員が、午後九時十三分に敵艦隊を発見した距離は、正確には九千六百メートルであった。ウソのような凄さだ。その報を得て田中少将はドラム罐の陸揚げを中止し、即刻東南東の方角に突進して魚雷戦を断行したのであった。すなわち、見張員の視力は、戦勝の第一要因となったことを忘れてはならない。

さて、米国の太平洋方面総司令官ニミッツ提督は、米軍の敗戦を確認し、「猛訓練を積んで出直せ」と叱咤し、なおその戦闘報告書の中で、日本将兵の勇気、砲術、魚雷戦法の優秀を是認し、とくに司令官田中頼三の指揮ぶりを賞揚した。アメリカ側では「東京急行」の中で、田中をもっとも苦手としていた。戦後の海軍評論の中でも、田中は日本一の闘将として扱われている。たとえば、準公認のモリソン戦史の中でも、

"It is some consolation to reflect that the enemy who defeat you is really good, and Rear Admiral Tanaka was better than that——he was superb."

「大意——敵が強かったと言うことは敗戦の慰めになるものだが、田中少将は普通の強さではなかった——彼は抜群だった」

と書いている。これもまた、敵将の強さを激賞することによって、いささか敗戦の慰めとする手法であろう。

田中頼三は、日本内地ではほとんど知られていないが、アメリカへ行けば、山本五十六のつぎに位するくらいに有名である。日本では余り知られないどころではない。ガ島戦の終わる前にはすでに左遷されて、どこか鎮守府の閑職に転じ、終戦までついに海上に現われることがなかった。アメリカにかくまで恐れられた海将が、帳面づけか何かでその後の戦争三年間を空費したのは、何に由来したのか。

それは田中が上官の命令に抗したからだ。抗議には戦略上の妥当性があり、かつ過去の戦功から馘《くび》にもできず、よって陸上の閑職に封じたしだいである。彼はその後のガ島輸送命令に対しては、「空軍の協同なしには行けない」と頑張って応諾しなかった。命令を聴かない者は、去らしめるよりほかはなかったのである。田中について少しく書き過ぎたようだが、

海戦名	期日	日本	米国
サボ島海戦	八・九	五	○
東ソロモン海戦	八・二四	×	×
エスペランス海戦	一〇・一二	一	三
サンタ・クルーズ海戦	一〇・二六	三	二
ガダルカナル海戦	一一・一五	二	四
タサファロンガ海戦	一一・三〇	四	一

しかし、ガダルカナル島周辺の海戦で、日米五分五分に戦った最後の一戦を勝った司令官の名は記憶されていてしかるべきであろう。米国では評判が高く、それに反して日本では香しくない不思議な海将としても——。

さてガ島戦六ヵ月の間に、大きい海戦は六回生起した（レンネル島戦を加えて七回）。そのなかで、サボ島海戦（八月九日）が完全勝利であったことは既述のとおりで、その後四

回が一勝二敗と傾き、最後のタサファロンガ戦（日本名ルンガ沖夜戦）に快勝して三勝二敗に帰結した。かりに採点すれば前頁表のようなスコアになるであろう。すなわち三勝二敗、合計点数は十五対十という戦績で、海戦自体は、日本側の勝利に終わったのである（両軍の喪失軍艦数は双方二十四隻の同数、排水量は十三万トンと十二万トンという類似）。日本側の勝因は幾つもあるが、アメリカが機先を制したレーダーの威力と、空軍増強の戦力とに対抗して、よく勝利を遂げ得たものの根底には、猛訓練のほかに日本特有の「九三式魚雷」があった。これは掛け値なしの世界一でもあったから、次章にその大要を検討記録しておこう。

第六章　米英を三倍抜く

1　文字通り天下無敵

わが九三式酸素魚雷

戦前、日本の海軍は、列強に較べて劣らない武器を相当に持っていた。自惚《うぬぼ》れでなしに、公認級のものさえも幾つかあった。猛訓練による戦法、とくに夜襲戦法とか、暗夜の透視力とか、大砲の命中率とか、形状外の特徴も誇りに値するものであったが、そうした精神面のことでなく、科学的に、物質的に、日本の海軍が米英その他に優越した点は、兵器の比較の上にハッキリと残っている。まず同時代における一万トン巡洋艦を比較してみよう（砲と魚雷はインチ）。

国	艦名	主砲（門数）	魚雷（門数）	速力
日本	那智	八（一〇）	二四（一二）	三四
英国	ケント	八（八）	二一（八）	三一
米国	シカゴ	八（九）	二一（六）	三二

これは私がしばしば引用する例であるが、素人の目にもっともわかりやすい数字であり、かつ世界の海軍年鑑にそのまま載っている要目として何人もうたがわない優劣だからである（米国は後に魚雷

を撤去した）。さらに細かくは、舷側鋼の強さ、砲塔のアーマーの厚さ、GMの長さを理想的にした復原力等においても、日本の大巡は米英のそれを抜いていたのだ（英国海軍省が「那智」の前身である「古鷹」の設計を買いに来たことはかつて述べた通りである）。

戦艦において、「大和」と「武蔵」の排水量七万トン、十八インチ砲九門というのは、世界に比すべきものがなかったので、優劣表を掲げることはできないが、それが世界戦艦の革命であったことは言うまでもない。世界の戦艦は四万五千トン（十六インチ砲）を最大と定論されていた時代に（昭和十二年）、一挙に七万トンという超大戦艦を造ったことは、それだけで日本の造船術の優越を実証するものであった。世界的の造艦評論家オスカー・パーク氏もそれを力説して、「大和」を見られなかったのを痛惜した。

戦艦は比較にならなかったが、大きさに制約があって建造の困難である駆逐艦を較べてみても、日本の陽炎型は、同時代（昭和十四年）の米国のベンソン、英国のトライバル型に比較して、多くの点で優っていた。

詳しくは後に駆逐艦「雪風」を書く場合に譲るが、要するに、当時日本の持てる最高の科学知識と、日本人の持てる最高の頭脳とが、愛国心の火にかけられて鋳出された生産物なのであった。

同じ海軍の零式戦闘機のごときも、あきらかに米英のそれを抜いて、太平洋戦争前半の上空を制圧した。少ない協定割当量、貧しい富、乏しい生産施設とをもって、強大国に劣らぬ国防力を備えようとした人々の、智と努力と、そうして血と魂とが、こうした誇るべき兵器をつくり出すことになったのだ。しかしながら、それらの優秀な兵器も、相手国のそれに較べてすぐれていたもので、点数をつければ、十対八というような差違であったろう。相手国にも、ある部分では秀でていたものがあり、平均して日本の勝ちという成績に帰着したのである。

ところが、ここに、「比較にならない」絶対優越の武器があった。九三式酸素魚雷がそれであった。それは完全なる日本軍の「最強秘密兵器」であった。粒々苦心、星霜十年にしてようやく完成された独特の魚雷であって、相手国はもちろん、わが海軍の内部においてさえ「軍機」が徹底的に保持されて、少数関係者以外には威力真相が知られていなかった。

第一次大戦の初頭、ドイツが四十センチ榴弾砲をもってリエージュ要塞を攻撃したときに、それが「秘密兵器」として世界に喧伝《けんでん》され、その戦争の末期にパリを撃った長距離砲もまた「秘密兵器」の名を負うたが、わが酸素魚雷は、はるかにそれらを凌駕する秘密兵器であった。しいて譬《たと》うれば、第二次大戦末期にドイツがロンドン市に打ち込んだＶ１およびＶ２爆弾、あるいは広島に落とされた原子爆弾のようなものであろう。

原子爆弾はアメリカだけが持っていた。魚雷は交戦国の全部が持っており、そうして八十年の歴史を有する旧兵器である。その旧兵器について「不可能を可能とした」のが、日本の九三式魚雷であったのだ。

（注）スラバヤ戦の初期には酸素魚雷が途中で爆発してしまうものが多数に上ったので問題になった。さっそく調査したところ、多くの艦の水雷部員が、携行の「爆発尖感度調整器」を使って

感度を最鋭敏にして発射したことが判明し、ソロモン戦以後にその弊を断った。

2　一瞬にして四艦を轟沈

酸素魚雷の初陣の戦果

日本の酸素魚雷がはじめて実戦場にあらわれたのは、昭和十七年二月二十六日のスラバヤ海戦であったが、沈められた敵は、それが魚雷によるものであったことを知らずに沈められてしまったのだ。

すなわち、米英豪蘭の連合国の巡洋艦隊は、大砲（六インチ砲）の届かないような遠距離において日本の酸素魚雷に撃たれ、巡洋艦ジャワ、デ・ロイテル、英駆逐艦エレクトロラ、蘭駆逐艦コルテネールが一瞬の間に轟沈してしまった。敵の将兵は機雷にかかったものと信じた。そこで海面を乱射しつつ退避したが、翌朝になると同一海面を日本の軍艦が馳駆しているのを遠眺《えんちょう》し、昨夜の惨禍は、機雷によるものではなくて、潜水艦にやられたものだという意見に一致した。

日本の酸素魚雷にやられたということは、ついに戦争の終わるまで気がつかなかったのである。それはそのはずで、そのころは魚雷の有効距離は三千メートル内外が世界常識として定論されており、要目表の上では八千、九千もあったが、実戦上の最大射程は五千メートルを出なかったのである。そのときに、日本艦隊は、約二万メートルの遠方からこれを発射したのであった。酸素魚雷はその長距離を、何の偏斜もなく狙ったとおりに走って四隻を喰ってしまったのである。戦局の進むにつれて、日本の魚雷の恐ろしさが米英海将たちの胸に宿り、そうして痛さを増していった。

真珠湾でもマレー沖でも、日本の魚雷は偉勲をたてたが、それらは九一式航空魚雷（後に触れる）であって、本題の酸素魚雷ではなかった。酸素魚雷が登場したのは、前記スラバヤ海戦以後で、とくにソロモン戦中にその威力を揮《ふる》ったのである。サボ島海戦で沈められた米国の大型巡洋艦四隻も、酸素魚雷によるものと信じられるが、何分にも命中砲弾（八インチ弾）が多く、かつ火災による爆発などもあったので、アメリカ側は魚雷の効果について半信半疑であったが、九月十五日、空母ワスプが、わが潜水艦イ一九号の放った九五式酸素魚雷（潜水艦用）で沈められて以来、日本の魚雷に対する警戒はにわかに厳重を加えるようになった。

そのころ、戦艦ノース・カロライナも傷ついた。空母サラトガも雷撃された。それらは急所をはずれて助かったが、傷は意外にひどく、いずれもハワイの工廠に入渠して、二ヵ月以上の修理を必要とした。

そこで、「魚雷はジャップの方が俺たちのより恐ろしいぜ」という声が、将兵の間に広く語られるようになった。そうして、それは顕然たる事実であった。ソロモン海戦時代（十七・八――十八・十）、日本は何十隻という米艦を魚雷で撃沈破したが、日本の軍艦で米国の魚雷にやられた艦は数えるほどしかない。

アメリカは魚雷ではまさに後進国であった。魚雷部門に人を得なかったのかどうか不明だが、武器としての魚雷の価値判断がひくく、巡洋艦からは魚雷を取りはずしてしまい(日本は十六本搭載)、駆逐艦にも八本しか装備していなかった(日本は十六本)。太平洋戦争の前半期について見れば、アメリカ魚雷の性能は日本の三分の一か、五分の一といった劣勢で、とうてい較べものにならなかった。日本の魚雷が恐ろしいものとわかっても、それを真剣に検討して、対抗品を造り出すという熱意にも欠けていたようだ。

ちょうどソロモン戦で日本の酸素魚雷が猛威をふるっていたころ、その長距離の一本が誤ってルンガ付近の浜辺に打ち上げられ、米軍の掌中に落ちた。もっけの幸いである。さっそく本国に送り、専門家に分解研究させてその長所を学ぶというのが常識であるのに、アメリカにはそれを検討応用したデータが見つからない。

いな、分解研究の結果、日本が魚雷に酸素を使っていることを知ったのは、一部将校の言葉によって明らかであるが、その方式を学ぶ余裕もなかったろうし、第一、その意思がなかったようだ。

彼らには彼らのプライドがあった。従来の冷走魚雷を熱走に改革したのはアメリカであった(明治三十五年)。それまでの三十八年間、魚雷は体内の高圧空気を一定気圧に減圧して主機械に送り込む方式で走ったが(冷走)、一九〇二年に米国のブリス・エンド・ウィリアム社が、燃料をたいてタービン機械で走らすことを発明した誇りを持つ(熱走)。また艦底起爆方式の着想もアメリカが先鞭《せんべん》をつけるといった歴史がある。ただ、海軍の魚雷に対する熱心の度合いが低かったところに問題があった。

3　米英も兜を脱いだ

比較にならなかった魚雷威力

アメリカの魚雷は、アメリカの海軍を裏切った。その自慢の着想に成った「艦底起爆魚雷」は、敵艦船の艦底を爆破しないでことごとく素通りしてしまった。深度が深きに失したのである。

太平洋戦争の前半、アメリカの潜水艦はヨク日本の艦船を捉えて魚雷を発射したが、百発ことごとくはずれ、潜水艦長から悲憤慷慨《こうがい》の報告書が海軍省に殺到した。口の悪いある高級将校は、「アメリカの魚雷に関してもっとも信頼すべきことは、アメリカの魚雷が信頼するに足りないという事実だ」と皮肉った。そこで海軍省は艦隊から全魚雷を回収し、昭和十八年初頭、改造した新品を供給した。ところが、今度は深度の調整が浅きに失し、かつ起爆装置が不完全であった。

十八年八月、わが第三図南丸は、トラック沖で米潜に襲われ、魚雷十本を受けて沈まず、そのなかの四本は胴腹両側に突きささったままで入港し、埠頭の人夫長が、「花魁《おいらん》の簪《かんざし》」(注、昔の遊女が髪の両側にさした長い飾り櫛)と叫んで一同を爆笑させた話が残っている。間もなく一隻のわが給油船も、十三発を受けて沈まず、その二本を抱いたまま帰って来た。潜水艦長は魚雷一本を持ち帰って、泣いてニミッツ提督に直訴した。ニミッツ大将は怒髪冠をつき、即座に魚雷使用の全面禁止を発令した。そうして、アメリカの魚雷が「改MK一三型」の名において世界の一流品となったのは、昭和十九年九月以後のことであった。戦後アメリカは、日本の各種魚雷の現物と、それに関する文献とを本国に持ち帰って綿密に研究して、その卓越した諸点を確認した。水雷戦闘に関する出版物には、今日でも、日本の酸素魚雷の威力を公平に賞賛している。アメリカの魚雷に深入りしたが、ついでに英国はどうであったかを一瞥しておこう。

イギリスは魚雷の先祖である。正確にはオーストリアの海軍士官ルッピスの着想に発するが、魚雷を武器につくり上げたのは英人ホワイヘッドである（一八六六年）。それから以後、英国は魚雷の先進国として自他ともに任じて来た。その英国が、太平洋戦争中に日本魚雷の威力に重大なる関心をはらったのは当然であった。戦争が終わってから間もなく、英国はストーン大佐を団長とし、魚雷の専門技師二名、士官数名からなる一団を東京に派して真剣なる調査を開始した。アメリカよりも一足さきである。

イギリスの調査団は、日本の魚雷関係将校をつぎからつぎへと呼び出して質疑を重ねると同時に、その専門技師は、日本の技師を罐詰にして科学的検討をくわえ、約一ヵ月で「酸素魚雷」の全貌を把握した。そうして彼らは、その威力が、自分たちの想像していたところよりもはるかに大きいのに驚き、今度は試射場においてこれを実験することを要求し、日本側の堀技術少佐以下を拉《らっ》して呉軍港に向かった。

呉工廠は酸素魚雷の発祥の地である。魚雷にかんする諸設備はすでにこわされていたが、試射場は残っており、部分品も屋内に放置されていた。そこで旧職工を駆り集め、十一月中旬、すべての組み立てを終わって実験を行なった。

まず距離二万メートル、速力四十ノット、深度五メートルで標的を打った。風があって小《さざ》波《なみ》が立ってはいたが、魚雷は航跡を残さずに駛走《しそう》し、一発で標的に大水柱を上げ、思わず試験員の大拍手を誘った。それから距離を縮め速力を増して数回の試射を行なったが、いずれも驚くべき精度を示現した。「これにはまったく驚いた。魚雷にかんする限りイギリス海軍は完全に日本に兜《かぶと》をぬぐ」というのが、それから旧水交社で、ブルー・マウンテン（皇室用コーヒー）を飲みながら、英国将校たちが一致して発した嘆賞の言葉であった。それは寸分もお世辞ではなかった。

本当に、魚雷だけは較べものにならなかった。が、強いて表をつくって比較すると、つぎのとおりの数字になる。

国名	直径（センチ）	速力（ノット）	射程（キロ）	炸薬（キロ）
日本	六一	四〇	三二	五〇〇
米国	五三	三二	八	三〇〇
英国	五三	三〇	九・五	三〇〇

一見して日本が「三倍の威力」を持っていたことがわかるであろう。さらに調整すれば、

速力五十ノットで二万二千メートル

速力三十六ノットで四万メートル

という威力なのだ。四万メートルは大戦艦巨砲の射程に等しい。「まったく驚く」のほかはなかったのである。

4　血の出る研究と勇断

超危険物の「酸素」の征服

このような驚くべき酸素魚雷を、日本はいかにしてつくり出したのか。世界を挙げて研究し、そうして世界がみな「殺人的危険物」として放棄してしまったものを、どうして日本だけが完成し得たのか。血の出る苦心、勇断、偶然、運命。いろいろな現象が、この完成物語の下に渦巻いている。それらを述べるのに先立って、いったい「酸素魚雷」とはどんな物かを一言しておこう。

原理はまことに簡単なものである。燃料をたくのに、空気の代わりに酸素を使うというだけだ。その方がヨク燃えることは中学生にもわかることで、したがって、魚雷に酸素を使う着想は、魚雷が列国で兵器に採用された昔（一八六八年・明治元年）から存在したに相違ないのである。とにかく、魚雷のエンジンを動かすのは石油で、それが空気中の酸素と化合して燃えるのだが、その酸素は、空気中に二十三パーセントしかふくまれていない。残りの七十七パーセントは無駄なものである（窒素その他）。だから、空気の代わりに酸素だけを使ったら、何倍かの効率が上がることはだれにでもわかることだ。中学生にでもわかるこの理窟を、大人の海軍将校が着想しないわけがない。ところが、それは問屋が卸《おろ》さないのだ。純酸素は、爆発物だからである。酸素の側で火をいじったら、たちまち爆発して人間が吹っ飛んでしまうのだ。列国海軍はそれで多数の実験員を例外なく殺して、ついに断念してしまったのだ。

日本でも大正五年に、横須賀の水雷研究部で酸素魚雷の試験をはじめた。第一次世界大戦の最中で、兵器研究のさかんなときである。桃井中佐を主任として、生田、植松、山田らの各将校が実験に当たったが、当時は、酸素の利用を特別に工夫することなしに、単に空気中の二十三パーセントを三十パーセントに増加し、さらに何パーセントか濃くして行くといった単純な方法であった（彼らは技術将校ではなかった）。ようやく三十五パーセントぐらいまで増したとき、酸素はたちまち爆発して大怪我《おおけが》を受け、それからひそかに列強の例を調べてみると、いずれもこの程度で爆発して中止されていることがわかり、日本も断念して「空気魚雷」一筋に専念することになった。つまり空気の圧縮度を極力高めることによって駛走力（速力と射程）を強大にする方針に帰着した。

　このほかに、二次電池を利用する「電気魚雷」も考案されたが、潜水艦の水中航進と同じくらいで、安全であるけれども速力が出ない（最高三十ノット）。そこで空気の気圧を高める方向に精進し、二百気圧に高めるところまで到達した。それ以上は、気室の材料が耐えられない。漠然と譬えると、一平方センチに四人の人間を乗せるだけの強度を必要とするもので、いかなる合製鋼材も、それ以上の高圧空気を保存することはできない。そこに、魚雷の速力と、射程の上に制限が加えられる道理で、列強ともこの

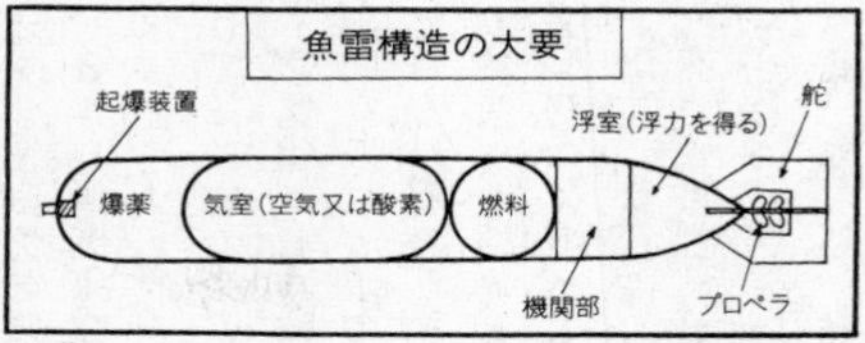

辺を魚雷動力の限界と考えた。

日本も鋭意研究工夫を重ねて、大正七年には速力三十六ノット、射程七千メートルの空気魚雷を造り、翌八年には、三十八ノット・一万メートルまで改良し、これを「八年式」と称して、一応の完成品と目するにいたった。

魚雷戦は日本海軍のお家芸である。明治二十八年二月五日、日本の水雷艇は威海衛の軍港内に突入し、敵の旗艦「定遠」以下四隻を撃沈し、世界戦史における水雷夜襲の先鞭をつけている。そのときに使った魚雷は、速力八ノット、射程三百メートル、炸薬二十一キロという貧弱なもので（横舵なし）、わが決死の水兵は敵前百メートルまで突進して雷撃したのであった（明治二十五年に英国から買って来たもの。明治二十八年の新式魚雷は、速力二十、射程七百五十、炸薬四十と記録されている）。

下って明治三十七年二月、わが駆逐戦隊は、旅順口外においてロシアの軍艦二隻を雷撃擱《かく》坐《ざ》せしめ、さらに翌年五月二十七日の日本海海戦では昼夜にわたって水雷戦を強行し、敵の戦艦三隻、巡洋艦二隻を撃沈するという大戦果を挙げている。そのときに使った魚雷は国産品で、速力三十ノット、射程四千メートル、炸薬八十キロであった。このように、日清戦争では主力戦隊をいっきょに半減させて敵の降伏を誘致し（敵の司令官自決す）、日露戦争では敵艦隊の二十五パーセントを魚雷で屠っている。この活きた戦史に徴しても、日本の海軍が武器としての魚雷に大きい期待をかけて、その改良に精進したのは当然と言わなければならない。

5　米海軍主力を狙う新魚雷

英に発注した雷速四十六ノットの理由

大正八年は、日本の海軍拡張が頂点に達したときである。懸案の八・八艦隊案（戦艦八、巡洋戦艦八を基幹とする）もようやく成立の目鼻がついた。新鋭戦艦「長門」が十六インチ砲を装備して海上に浮かんだ。「陸奥」も間もなく完成するはずである。そのときに、魚雷部門において、速力三十八ノット、射程一万メートルの空気魚雷が完成したのは、まずもって成功と言うことができた。

ところが、二年後に、八・八艦隊案は、華府ポトマック公園の桜花とともに散り果てた。大正十一年春に結ばれた軍縮協定が、日本の建艦をストップし、かつ兵力量をアメリカの六十パーセントにおさえることになったのである。日本海軍は七十パーセントを要求してたたかった。内南洋の海上で敵の進攻艦隊を防止するための所要兵力比は「七割」を最低限とする、というのが兵学上の数字であって、同一武装の艦隊決戦では、「六割」は「必敗」の比率だと断定された。政府は、大戦略上の理由から六割に譲歩したが、海軍部内の戦術眼はこれを敗北主義の数字だとさけんで争った。大御所加藤友三郎は、首相兼海相としてヨクそれを制し、兵力比の不足を、戦術訓練と武器の改善とによって補う方向に指導した。「夜戦」の猛訓練これよりはじまり、各種兵器の改革もこれをスタートとしていちだんと進化の途についた。

日本軍艦の速力は米英を凌駕し、その主砲は米英のそれよりも大きい破壊力を持つことになった。大型巡洋艦は三十ノット以上を走り、その八インチ主砲は二万メートルにたっするという躍進をしめした。ところが魚雷の方は、専門家の玉なす汗にかかわらず、改善が理想のように進まず、八年式の「三十八ノット・一万メートル」が、十三年になってようやく「三十九ノット・九千メートル」という程度の進化しかしめさず、どうやらそのへんが空気魚雷の頭打ちの線と考えられ、用兵家の要求と相隔たること遠いものがあった。

軍艦が三十ノット以上走るのに、魚雷がようやく三十八、九ノットというのでは、攻撃兵器として甘さが一見してあきらかである。また、大砲が三万メートルで撃ち合っているときに、その半分もとどかないのでは、戦術的に時代後《おく》れの感を深うせざるを得ない。いな、アメリカの新鋭戦艦メリーランドや、ウェスト・バージニアの十六インチ砲は三万メートル以上とどく上に、速力も二十六ノットを出して運動性が鋭くなり、三十八ノット程度の魚雷は難なく回避されてしまうであろう。海戦の上に魚雷を十二分に活用しようとする日本の伝統戦術から見れば、これは心細い限りである。なんとかして早い速力が得られないか、あるいは射程の長い魚雷は造れないものかと、軍令部と艦政本部の当事者は額を集めて協議研究したが、ついに見通しがつかないで年を送った。

結局、国産には一応見限りをつけ、新魚雷をイギリスのホワイトヘッド社に注文することに踏み切った。英国は魚雷の先進国で、日本よりもあきらかに一歩進んでいた。日本はなんとしても四十ノットの壁が破れない。その壁の向こう側の「四十六ノット」が注文の第一要目となった。紙の上では大差を感じないが、この「六ノット」の速力差というのは驚心愕目の懸隔であった。「四十六ノット」の狙いは、アメリカの主力戦艦速力の二倍という点にあった。メリーランド型戦艦を撃つには、これぐらいの速力が必要だという雷撃隊の要求に基づいたものである。

三万メートルを直径とする戦場で、それに近い長距離魚雷を活用するというような戦術思想はまだ存在しなかった。それが空想として存在したかどうかさえも疑問であった。日本の要求は、敵艦の転針回避を困難ならしめる雷速の一点にあった。根本は肉薄攻撃である。当時、年ごとに進化していた日本の潜水艦が敵艦の二、三千メートルに迫って発射した場合、魚雷の速力が敵艦速力の二倍以上であれば、一回の斉射八発中の一発は彼をとらえるであろう。駆逐艦の場合またおなじ。決死驀進、三千メートル以内に迫って雷撃することを水雷戦法の鉄則とした。主力艦比率の劣勢を補うの途はこれ以外にない。射程は二のつぎ。要は雷速だ。そこでホワイトヘッド社への注文は、「速力四十六ノット。射程三千メートル」量は二十本。価格は、時価に換算して一本三千万円。軍費節約の時節に、思い切って注文が発せられた。大正十五年の秋であった。

6　英国の試験中を探知

大八木の一報にわが海軍の反省

造兵監督官としてホワイトヘッド社へ派遣されたのが、大尉大八木静雄（のち少将）であった。これがはしなくも「酸素魚雷」の緒をつかむ契機となった事情を一言しておこう。ホワイトヘッドの魚雷工場は、ウェーマス軍港の構外にあり、同社の魚雷試射場と海軍工廠のそれとは、同一の海岸に二本ならんで設けられていた。野心多き若い大八木は、ホ社魚雷の権威ジョーンスとともに、しばしば試射場に立った。そうして、その海軍側の試射場入口に五十坪ほどの建物と、そこから試射場へ引かれた鉄管に赤いペンキの塗られているのを見て不思議に思っていた。

ところが、それは、いとも簡単に解明された。大八木が下宿している家の隣家の主人が、その建物の主任者であり、赤ペンキの鉄管も彼の管理下にあったからだ。その主人は魚雷に関してはまったくの素人であり、酸素魚雷が軍機の第一号であることなぞは全然知らなかった。そこで、自分の管理下にある建物は酸素製造機の家屋であり、鉄管はその酸素を試射場の魚雷に供給するためのものであることを、夕飯の普通の会話として話してくれた。大八木の心臓は破れんばかりに鼓動した。平静を装いつつ彼は事実の確認に精進し、間もなく、英国が酸素魚雷を採用中であることを各方面からたしかめ、それを本国に打電した。昭和二年の終わり頃であった。

わが海軍もびっくりした。さらば日本でも、さっそく実験を再開しようということになって、昭和三年秋、水雷課長（艦政本部第一部内）南里俊秀大佐から、酸素魚雷実験再開の命令が発せられた。

魚雷実験部は呉工廠にあった。すでに帰朝していた大八木静雄たちは、喜び勇んで酸素と取り組みはじめた。が、なにぶんにも油と化合すればたちまち爆発して人を殺すという代物《しろもの》だから、実績は簡単に上がるはずはない。大八木たちは苦心に苦心を重ね、旧大巡「浅間」の砲塔を防空壕がわりに使って陸上実験を進めていった。

要は、燃料室へ、爆発しないように「酸素」を送り込むことである。結局、気室内に空気室と酸素室とを造り、石油の噴霧に点火する燃焼室にはまず空気を送り、ついで別の管から酸素を漸次的に送り込んで、燃焼を旺盛にする機構をつくり出した。昭和七年、すなわち実験四星霜の後、空気五十パーセント、酸素五十パーセントで魚雷を走らすところまで成功した。空気中にはすでに二十三パーセントの酸素がふくまれているのだから、新しい魚雷は結局六十パーセント「酸素魚雷」と称して差し支えなく、事実に徴しても射程は二万メートル以上に達し、速力四十ノットを上回った。

呉工廠の実験部員たちの不眠不休の努力はむくいられつつあった。モウ一息で百パーセント酸素の理想魚雷に到達する段階に達した。問題は勇気一番、そこへ突進するかいなかであった。

そこへ現われたのが勇壮岸本鹿子治大佐であった。彼は水雷戦の用兵家、水雷学校の教官から転じて、艦政本部水雷部門の主任に着任するや(昭和六年)、一声たちまち「酸素魚雷」をさけんだ。ちょうどそのころ、日本で大八木らの実験が成功の一途を進みつつあるのと反対に、家元のイギリスにおいては、いったん成功して、戦艦ネルソン、ロドネーに装備された酸素魚雷が、爆発事故のために放棄されることになり、酸素魚雷はふたたび危険兵器として葬られた事実が明らかとなった。

酸素は油をよぶとたちまち爆発する特性を有するので、その製造に当たってはもちろん、それを保存する場合にも、それを取りあつかう場合にも、油類を付近におくことは断禁事であった。酸素魚雷を保蔵する部屋の掃除にも、油類は一切禁じられて水で洗うことが要求された。酸素魚雷を積んだイギリス戦艦の水雷部員は、頭髪にポマードをつけることを禁じられ、その係の水兵は角刈りを要求されたという話まで残っている。それほど警戒していたにかかわらず、爆発事故を起こし、爾来、この取りあつかいの困難なる危険物は、兵器に適しないという理由で放棄されてしまったのだ。

そのような先進国の実例を見ながら、魚雷後進国の日本が、是が非でも酸素魚雷というのは、いささか身のほど知らぬ井底の蛙《かわず》に類するとの非難が、岸本の主張を聞いた海軍部内の一般の声であった。

7　岸本大佐の純酸素論

奇跡的成功と三人男の叙勲

すでにして五十パーセント酸素の新魚雷までできている。これが実用に適すれば十二分ではないか。イギリスは最近になってそれを放棄した。その時勢に「純酸素魚雷」を計画するのは岸本の脱線であるという世論だ。そこで軍務局長豊田貞次郎中将は岸本を招致して「実験強行を止めたらどうか」と抑えにかかった。ところが岸本は退《ひ》き下がらない。「それは命令ですか忠告ですか。命令なら退き下がりますが、忠告であるなら退けません」と喰ってかかった。岸本にしてみれば、酸素魚雷以外に、アメリカ海軍を打ち破る手段はないと信じ、一心一徹、国防の鬼となって何物をも恐れない情熱であったから、苦手の軍務局長に向かっても、己れの主張を寸分も枉《ま》げなかったのだ。豊田も制し切れず、結局、「人を殺さんという条件でやれ」ということでケリがついた。

当時、艦政本部には、魚雷設計の天才朝熊利英中佐（後に技術中将）がいた。そうして呉の実験部には、大八木静雄がすでに酸素をなかば征圧して控えていた。岸本の熱と、朝熊の智と、大八木の明とは、世界海軍総回避の酸素魚雷をあるいは実現するかも知れない。苦心惨憺。結局、酸素気室と加熱室との間に空気瓶と不還弁とを装置し、まず空気を送って点火し、燃焼とともに減少して行く空気瓶の中に不還弁を通って酸素が添加されて行き、間もなく全部が酸素となって強烈に燃えるという機構ができあがった（全酸素となる時間わずか十秒）。

さて、試験魚雷はできあがった。が、イザ発射となって、そのバルブを開く者はだれか。誤って爆発したら実験科員が全部吹っ飛んでしまう。結局、設計主任朝熊が東京から出張して、最高緊張裡にバルブを開いた。驚くべし、魚雷はたちまち高速をもって三万メートルを走り抜いた。人々が見合わす目には感激の涙が光った。万歳を叫びたくても声の出ない歓びの深さがあった。天下最大の秘密兵器がそこで完成されたからである。

四万メートルもとどくのだから、瀬戸内海を横に使うことはできない。縦に使った結果、射点における一厘一毛の方向差が終点では相当の偏斜を生じ、魚雷が漁夫の家の台所に飛び込んで、おかみさんがびっくり失神したというような実話も二度や三度ではなかった。射程を減らして速力を出させると五十ノットという驚くべきスピードが出る。その超高速のために生ずる空洞現象(頭部およびスクリューの辺に渦を生じて減速となる)の修正とか、超高熱に堪ゆる高融点金属の選択とか、いろいろの科学的改善が大八木らによって工夫され、昭和十一年には完全なものとなって、海軍の正式兵器に採用されることになった。まことに夢のような現実であった。

昭和三年南里大佐による酸素魚雷実験令から七ヵ年にわたる苦心研鑽の結果が、世界に比類のないものを造り上げることになったのだ。

水雷課長岸本鹿子治(後に少将)、設計主任朝熊利英、実験部員大八木静雄が、後に陛下から勲章を授けられたのは当然中の当然事であった。が、表向きに騒ぐことなく、なるべく内々に扱われ、部内もあまり騒がないように配慮した。酸素という言葉も使わないで「第二空気」と呼ばれた。また、酸素発生機が水雷関係に属することも絶対の秘密とされた。大概の機密は嗅ぎつかれるものであり、戦艦「大和」の排水量も、その十八インチ巨砲も、昭和十四年にはすでに米英の知るところとなっていたが、この酸素魚雷だけは、完全に軍機のヴェールに密封されて終戦までわからなかった。

おそろしい威力だ、という点は、戦争中に敵のとうぜん知るところとなったが、その原動力が酸素であり、炸薬が五百キロで、五十ノット、二万メートル走るというような怪物的内容は、さすがの米英も想像がつかなかったのだ。米英の魚雷は、炸薬三百キロをもって限度としていた。口径五十三センチ（二十一インチ）の魚雷の気室の大きさから、これ以上の装塡容積は得られない。ところが酸素魚雷の場合には、その高性能のゆえに、気室を小さくして炸薬室を拡大することができたのだ。五百キロはほぼ巡洋艦の致死量であったが、わが用兵家はそれでも満足せず、太平洋戦争の後半には射程を減らして八百キロを要求し（九三式魚雷三型）、それでマダガスカル沖で、英国の大巡を一発で真っ二つに割った物語も残っている。

8　雷装巡洋艦の登場

炸薬五百キロと無航跡の威力

酸素魚雷が呉工廠で完成すると（昭和十年）、その試作品二十本が水雷学校に運ばれ、大巡「鳥海」の艦上ではじめて発射実験が行なわれた。昭和十七年八月、わが大勝のサボ島海戦において、第一着に敵艦を撃破したのが「鳥海」の発射した酸素魚雷であったことも奇縁である。発射実験で実績も確認されたので、十一年から正式兵器に採用され、その実験開始の年号皇紀二五九三年にちなんで「九三式魚雷」と公称されることになった。そうして英断一番、昭和十二年から空気魚雷の製作を中止し、「航空魚雷」を除いて全面的に九三式を生産することになった。

はじめは「航空魚雷」にも酸素をつかう方針で製作を開始し、「九四式」の名をつけていたが、航空機による雷撃は至近距離から行なうので、とくに酸素魚雷の長射程高速力に頼る要なく、それよりも取り扱いの簡単な空気魚雷を使用するに決し、原型（九一式）を改良して有力なる魚雷を造り出した（後に触れる）。潜水艦用としては、口径五十三センチの酸素魚雷を造って「九五式」と呼称したが、巡洋艦や駆逐艦には、ことごとく口径六十一センチ（二十四インチ）の九三式を用い、昭和十三年にはほとんど艦隊の全部に配給され、そうして真剣なる発射訓練が、国際情勢の暗黒化に比例して進められて行った。

酸素魚雷の驚くべき威力の一つは、走って行く魚雷がほとんど航跡を残さないことであった。一般の魚雷は水面に泡を残して走るから、敵艦はその航跡を発見して転舵回避する。とくに魚雷のスピードが三十ノット程度なら、近接距離で発見しても咄嗟によけることができる。ところが酸素魚雷の場合には航跡がはなはだ薄く、小波でも立っている海面なら、航跡の発見は不可能と言っていい。加うるに五十ノットの快速力で進んで来る。その稀薄な航跡を至近距離で発見しても回避する余裕はない。さらに加うるに、爆発力は国際最高水準の三百キロに対して五百キロという強烈さをもって炸裂する。その威力を米英魚雷の「三倍」と称したのは少しも誇張ではないのである。

航跡の稀薄という利点は、空気と酸素の本質的相違から由来する。空気魚雷の場合には、気室にある空気中の七十七パーセントに達する窒素、その他の不燃焼物が水面に排出されて気泡の糸を曳くのに反し、酸素の場合は全部が燃えて、水蒸気と炭酸ガスとが排出され、そうして大部分は海水に溶けてしまうのである。スラバヤ海戦は夜であったからなおさら発見されなかったが、十七年九月十五日、潜水艦イ一九号が空母ワスプを雷撃したときは、白昼であったが（午後二時四十九分）、小波のために航跡の発見困難であり、警戒していたにもかかわらず、魚雷を見つけたときにはすでに遅くして回避のいとまなく、見事に三発を見舞われて撃沈されている。

こうした酸素魚雷の威力については、日本海軍は、昭和十二年以降少しも疑いを持たなかった。いな、これを大砲以上の主要武器と主張する用兵家も少なくなかった。もちろん大砲を主要武器とする伝統は破るべくもなく、そこにはそれだけの理由もあったが、敵艦を「撃沈」する段になると、大砲よりは魚雷のほうが有効なのだから、これを十二分に活用すべしとする主張も否定するわけにはいかない。ただ、一本五百万円という値段はとにかく、直径が二十四インチで長さが九メートル、重さ二千七百キロという大きい図体の武器だから、そう沢山積み込むわけにはいかない。駆逐艦は主武器として十六本、大型巡洋艦でも同じく十六本を限度とされていた。

が、それではまことに惜しい。三十六ノットにすれば四万メートルにもとどくという魚雷を、日米主力艦隊の決戦場で遠距離に活用すれば、あるいは十八インチ巨砲に優るような大戦果を挙げ得るかも知れないのだ。そこで砲雷両説妥協のすえに案出されたのが「雷装巡洋艦」であった。巡洋艦から大砲を下ろして発射管に代えた軍艦である。

まず「大井」「北上」の両艦が改装された。砲塔の大部を撤去して四連装の発射管五基を据えた。第一撃に二十発、次発とあわせて四十発を、決戦場の緒戦に放つという思想だ。両艦の八十発が、三万何千メートルで米艦隊の戦列に打ち込まれるとき、敵にあたうる戦果いかん。

9　特殊潜航艇の出現

敵前に肉薄して必殺攻撃

雷装巡洋艦「北上」「大井」の二隻が放つ八十本の酸素魚雷は、三万メートル以上の遠方を四十ノットの速力で航跡を匿《かく》しながら突進する。海面鏡のごとく凪《な》いで航跡が発見されたとしても、敵は全部を回避することは不可能であって、少なくも射線の十パーセントは命中するであろう。

八本が敵艦のどこに命中するかは不明だが、ことごとく急所をはずれたと仮定しても、戦列に相当の混乱を誘発して砲戦力を減殺することは間違いない。幸いに敵艦の中央部艦底に当たって、二隻でも三隻でも落伍させることになったら、戦勢はたちまち有利に傾くという成算ができる——。

「北上」「大井」の遠距離魚雷のつぎには、各巡洋艦の魚雷があり、さらに一万メートル以内に接近して駆逐艦の襲撃がある。その間、潜水艦はさらに肉薄して狙い撃つという方式である。

「大和」「武蔵」の十八インチ巨砲ももとより恐ろしいが、同時に、わが酸素魚雷の集中攻撃を受けるアメリカ艦隊の苦戦は、図上演習のうえでも、ハッキリと想定されたのである。

が、日本海軍としては、それだけでは足りない。酸素魚雷の威力を百パーセント発揮するためには、敵艦の必殺距離まで迫って、命中確実という一発を放たなければならない。この要求に応えて造られたのが、「特殊潜航艇」、すなわち秘匿名「甲標的」であった。

特殊潜航艇は、二人乗りの超小型潜水艦で、主力艦隊の決戦最中に敵前数百メートルに潜進し、必中の一発を発射する兵器である。携行するのは「九七式酸素魚雷」で、一般潜水艦用の九五式五十三センチ型を四十五センチに縮めたものである。魚雷は五十ノットの高速で走り、敵がそれを発見しても、モウ回避する時間のない近距離であるから、酸素魚雷の威力は、そのまま十割発揮される道理だ。

着想はやはり大佐岸本鹿子治であった。彼は日露戦時の横尾中尉の計画（魚雷を抱いて旅順港内に潜入する案）や、イタリアの人間魚雷（機雷にまたがってアレキサンドリア軍港に泳入して英艦を襲う）からヒントを得、魚雷近接攻撃の武器として特殊潜航艇を発案するにいたった。時しも満州事変後の国際関係ようやく暗く（昭和九年）、速急に実現を希求した岸本は、級友高崎大佐（御付武官）を通して軍令部総長伏見元帥宮に直訴し、一日にして新武器試作の許可を取りつけた。岸本を委員長として、設計主任朝熊利英中佐、電気関係名和武中佐（後中将）、船殻片山有樹中佐（後少将）、機関山田清大佐（後少将）を委員とする試作機構ができ上がり、順調にすすんで十年に完成した。排水量四十六トン、長さ二十四メートル、幅一・八五メートル、速力二十ノット、航続四万メートル強、九七式酸素魚雷二本、乗員二名という特殊兵器であった。

攻撃後は、適当の海面に浮かんで、味方母艦の収容を待つという設計であった。十分の浮揚力を有するもので、はじめから不生還を覚悟する「特攻兵器」とは性質を異にするものであった。

「千歳」「千代田」の両艦が「特潜母艦」として登場した。おのおの十二隻の特殊潜航艇を搭載し、主力戦艦隊に随伴して決戦場に進出する。艦隊司令長官は機を謀《たばか》って特潜の発進を命ずる。おそらくは距離四万メートル前後で、砲戦開始の前後であろう。母艦は一分間に二隻の割合で特潜を発進することができる。コンパスを備えた特殊潜航艇は、指示された方角に向かって、指示された時間だけ潜航し、そこで浮上して潜望鏡で敵を見る。その位置が敵前五百メートルであったら理想的、千メートルであっても、目分量で狙って命中はほとんど間違いない。魚雷は、九七式酸素魚雷で、口径四十五センチ、速力四十五ノット、炸薬三百二十キロであり、一発で大艦を撃沈することはむずかしいが、これを大中破して戦力を剝ぐことは確かだ。

十対六の戦艦比において、この特潜と酸素魚雷とが、二隻ないし三隻を緒戦に撃破したら、砲撃決戦は日本の勝利に傾く。日本にはこのほかに、雷装巡洋艦以下の各艦から発せられる九三式酸素魚雷（六十一センチ）と、潜水艦から放たれる九五式（五十三センチ）とが魚群のごとくに襲いかかるのだから、敵主力艦の半数は戦闘力を失うものと想定される。砲撃と艦隊運動では猛訓練の成果を確信していた日本艦隊であるから、酸素魚雷がこれだけの大働きをした後は、決戦に勝てない法はない。

これが、水雷屋の胸に溢れていた自信であり、また、冷静な首脳の一派間にも、可能性として持たれた期待であった。

10 真珠湾の特殊潜航艇

決戦距離延伸の痛恨事

特殊潜航艇は、太平洋戦争の劈頭《へきとう》に真珠湾軍港に突入して、一躍有名となり、九名の乗員（他に一人は人事不省後捕虜）が軍神に祀《まつ》られたこと、国民の記憶に残っているところであろう。この決死行に漏れた松尾中尉ら数名の特潜乗組員は、幹部に対し出撃をせまって承服せず、その結果、豪州シドニー軍港侵入およびマダガスカル島要港突入となって玉砕したことももまた周知の戦史であろう。これらの戦績から、特殊潜航艇は、敵の軍港に侵入強襲する決死的兵器であるように一般に解されたが、実情は前述のとおり、洋上決戦の特殊兵器として誕生し、主力決戦の海上で酸素魚雷を近接発射したあとは、その付近の洋上に浮かんで味方母艦の収容を待つのが建て前であった。

戦闘の後に生還の可能性絶無の特攻は、日本海軍の伝統に反するもので、真珠湾潜入作戦のごときも、山本長官は収容の可能性なしとして、二回これを却下している。そこで特潜の航続性を改良し、数時間航続ができて被収容性が増大したというので（実績は疑わしかったが）、ようやく山本の許可を取りつけたのであった。が、敵の警戒厳重な軍港に潜入し、攻撃を行なって後に港外に脱出して、味方母艦に収容されるというごときは、理論上はかりに可能であっても、実戦においては期待し得るものではない。山本はそれを疑いながら、青年士官たちの愛国の熱血に押し流されたものである。

これらの特殊潜航艇がどんな戦果を挙げたかは、遺憾ながら正確な記録としてはのこらない。シドニー港には軍艦がなく、商船に一発見舞って岸辺に乗り上げて港内を驚かせた記録を知るが、真珠湾では港外に擱《かく》坐《ざ》した酒巻少尉の一艇が捕獲された以外、四隻は杳《よう》として消息を絶った。港内潜入は、敵が定時的に湾口の防潜網を開くときを狙って敢行するほかはなく、そうしてその時間は午前五時から八時の三時間であったから（掃海艇出入のため）、そこを狙って侵入したものと思われる。とにかく、米国の掃海艇コンドル号は、午前三時五十分ごろ、小型潜水艦らしいものが、港口に向かって航進中なのを発見して追撃したが見失った旨を報告しているから、わが特潜が侵入に成功したことは疑いないであろう。

そうして、航空攻撃の方は、午前七時五十五分から約二時間にわたって行なわれたのだから、ちょうどその時間に特殊潜航艇も雷撃に参加したものと想像される。生還者もなく、目撃者もないのだから、事実を書く由はないが、そのころに敵艦から盛んに機雷警報が発せられたところから見て、水中に怪しい影を認めたことは間違いなく、したがって、敵艦を撃破した多くの魚雷の中の何本かは、この決死隊の放ったものであろうと想定するのが人情である。が、静観すれば、それは多数の航空魚雷に混じった少数であり、戦果は、具体的のものであるよりは大部分精神的のものであった。

特殊潜航艇は、やはり、洋上決戦の最尖端に浮現して、必中の酸素魚雷を放つところに真価があった。が、十何隻しかなかった数量の一半は、本来の使命以外の特攻に用いられ、同時に、もっとも訓練を積んだ勇士が戦没し、加うるに、真珠湾の一戦から「主力決戦」の機会もしばらく消えて、特潜の活用も見送りとなった。

かくて特潜は影をひそめたが、それよりも、その後に再現されたアメリカの主力艦隊は、航空母艦を主体とする航空艦隊に改編され、三万メートルないし四万メートルの距離で主力艦隊が勝敗を決める決戦様式は後を絶ってしまい、したがって、高速長射程の酸素魚雷を決戦場に利用する機会を失ったのは、日本にとって痛恨事となった。

決戦距離が三百マイルというような遠隔の彼方に伸びてしまっては、得意の九三式も猛威をふるうことができなくなった。主力戦艦隊の砲撃を手段とする決戦で海軍の勝敗が定まった時代が去ると同時に、「酸素魚雷」の決戦武器としての価値も、自動的に低減されて、日本海軍は最大の期待を裏切られる結果となった。

それなら、酸素魚雷は太平洋海戦で眠っていたか。いな、絶対にしからず、多くの海戦において、つねに大爆音を挙げて米英海軍の眠りを醒《さ》まし通したのであった。酸素魚雷は、どれだけ敵艦船を撃沈したか。まだ正確に調査されたものはないが、百隻前後に上ることは、ちょっと調べただけでも間違いないようである。

そうして、「轟沈」という勇ましい単語は、酸素魚雷とともに生まれた言葉で、それはかくのごとくみごとに、瞬時的に敵艦を屠り、そうしてその撃沈数も大砲や爆弾の何倍かに上るのであった。

11　天下に二十年先んじた

航空魚雷についても優越した

ミッドウェー海戦で、友永大尉の決死攻撃にきずついた空母ヨークタウンは、七隻の駆逐艦にまもられて退却中（ハワイへ）、十七年六月七日、潜水艦イ六八号（艦長田辺弥八少佐）の放った九五式酸素魚雷に撃たれて沈没した。同年九月十五日、潜水艦イ一九号は、ガ島の南方海上で敵の機動部隊を捉えた。艦長木梨鷹一少佐は、空母ワスプをねらって、九百メートルから九五式魚雷六射線を放った。その中の三射線がワスプに命中撃沈させたが、はずれた三射線の一発は一万メートルの遠方を行動中であった駆逐艦オブライエンを撃破し、他の二発は戦艦ノース・カロライナに当たって重傷を負わせるという「全射線命中」の記録をつくった。

記録の自慢話は余談になるからおき、酸素魚雷が、決戦場外でこうした威力をふるっていたことを知れば足る。さかのぼって、サボ島海戦で沈んだ大巡クインシー、アストリア、ヴィンセンズ、キャンベラも、タサファロンガ海戦のノーザンプトンも、クラ湾海戦のヘレナも、レンネル海戦のシカゴも、みな「九三式酸素魚雷」のえじきとなったものである。沈むまでにはいたらなかったが、一年間も修理にかかった重傷艦に、大巡ペンサコラ、ミネアポリス、ニューオルリーンズ、セントルイス、リーンダー、軽巡ホノルル等があり、二ヵ月から三ヵ月の傷を受けたものに、空母サラトガ、戦艦ワシントン、ノース・カロライナ、サウス・ダコタ等があり、いずれも九三式魚雷の威力証明者となったわけである。

同じく魚雷で敵戦艦を屠ったので深く国民の記憶に残っているのは、真珠湾とマレー沖の二つの海戦であるが、これは酸素魚雷ではなくて、九一式航空魚雷であったことを一言しておこう。この「航空魚雷」においても、日本海軍は遙かに米英を凌駕していた。とくに、真珠湾で使った「浅海魚雷」は日本独特のもので、百メートルの高度から落としても深くもぐることなく、ヨク五メートルから七メートルぐらいの調整深度を保って突進するように製作されたのであった。

日華事変で国際情勢がだんだん悪化して行ったころ、軍令部の航空参謀愛甲文雄中佐は、万一の用意に、東洋各軍港の深さを調べたところ、真珠湾、シンガポール、ウラジオ、マニラ、香港等は、いずれも軍艦が十二メートルから二十メートル以下の浅海に碇泊していることを知り、従来の航空魚雷では効果ははなはだ疑わしい旨を進言した。航空機から落とす魚雷は、惰性でいったんは数十メートル（ときに百メートル）海中に突っ込むから、前掲の軍港内では、魚雷が海底に突き刺さるか、岩盤に激突して爆発するか、あるいは反動で水面に飛びだしてしまうか、いずれにしても本来の威力は発揮できない。海軍部内でも、愛甲の進言に応じて改善の研究が進められて行った。

そこへ、昭和十六年春、連合艦隊長官山本五十六が、対米戦の場合には真珠湾軍港の航空雷撃を第一着に断行する肚を決めてから、浅海魚雷の注文が痛烈に発せられ、日夜研鑽が進められて、十六年八月に完成された（九一式改二型）。要は、尾框《びきよう》にベニア板の安定板をとりつけて魚雷の空中姿勢を保全し、着水と同時に飛び散って最適の射入角をあたえること、および魚雷の両側に安定器を着け、空中の左右転動を防ぐと同時に、着水時の深入（沈度）を規正したことで、高度百メートルから投下しても、沈度は十二メートル以内に収まるようになった。これが、真珠湾で九十パーセントの命中率（米国側は五十五パーセント強と発表）を挙げ、戦艦四隻を沈め、四隻を大破する大戦果の原動力となった（他に巡洋艦以下十余隻大中破）。

それから二日後のマレー沖海戦では、イギリスの二大戦艦を撃沈して世界を驚かせた。これは九一式改一型の航空魚雷であるが、その軽量（一トン）にもかかわらず、爆発力が米英のものに比して数等まさっていたことが特筆されねばならない。技術的要目はこれ以上追わない。航空用でも艦隊用でも、魚雷に関しては、日本は本章のはじめに述べたように、ハッキリと列国を抜いていたことを知ればいいのだ。思えば昭和初期のわが航空魚雷は、十メートルの高度から落としても水平に落ちて破損し、あるいは垂直に落ちて炸裂する等の悩みをかさねたものだが、後に数学の天才島本造兵中尉が、尾部に鋼鉄発条をつけて俯角を一定する方式を発見して愁眉をひらき、小屋、成瀬らの関係将校の努力によって年々改善され、最後にベニア板応用の完全なる航空魚雷を製造することに成功したのであった。

航空用魚雷に関しては、アメリカは航空主兵主義の王者として、技術陣の全能力をしぼり（国防研究委員会の主題として）、昭和十九年秋には、優に日本に匹敵する「改ＭＫ一三型」を完成し、それによってわが「武蔵」と「大和」とを撃沈した。しかし、艦隊用の「酸素魚雷」に関してはついにおよばずに終わった。一九六〇年代の今日、アメリカは多分、過酸化水素を動力として、日本の一九四〇年のものとほぼ同等の魚雷を造っており、イギリスの現状もまた「九三式」の上には出でない。すなわち、日本海軍の酸素魚雷は、米英に先駆することじつに「二十年」であったことを、冷静に回顧しよう。

第七章　世界一の好運艦「雪風」

1　世界海軍界の奇跡

艦も艦長もともに健在

世界各国の軍艦の歴史、その数幾万、その中で一番「運の好い軍艦」は日本の駆逐艦「雪風」である――というのが、私の戦史調査中に発見した栄光の結論である。

「雪風」の本物は、今もなお、中華民国海軍の旗艦「丹陽《タンヤン》」となって活きている（戦利品引き渡し）。同時に、その名は「ゆきかぜ」となってわが自衛艦の第一号に刻まれている。わが国が戦後はじめて軍艦の所有を許されて、その第一艦の命名を議したとき、旧「雪風」乗り組み将校の説明はたちまち満座を納得《なっとく》させ、文句なしに警備艦「ゆきかぜ」が生まれた。

（注）昨年、近親の新妻が妊《みごも》ったとき、その子が女であったら「雪」の字をつけることをすすめた。新夫婦は「雪風」の由来を聞いて大いに歓び、結果はそのとおりになった。彼女は達者で長生きするであろう。

日本では「雪風」を好運第一艦と決めるのに異論はない。世界ではどうか。私はそれを世界に提議しようとしているのである。

相手が世界である以上、戦歴内容の正確を要するのはもちろんだが、その好運の由来が、万人を納得させるものでなければならない。私は確信をもってそれを内外に問いたいのである。

軍艦であるから武運というのが普通だ。しかし、私は俗にいう「武運長久」などの形容詞と同一視されるのを好まず、かえって「好運」という平凡なる表現の中に、その偉大さを求めようとするのである。

人間にも生まれながらにして「運」の善悪があるように、軍艦も完成と同時に「運」を持つようである。人間の長寿の運命は、先天的であると共にそれを保つ心掛けによる。が、自重専一の消極的保全法と積極的のそれとは価値が違う。大いに働いて長生きするのでなければ値打ちがない。

「雪風」は、危ない戦場から遠ざかって温存されたのではない。太平洋戦争中の主要なる作戦のほとんど全部に参加し、つねに第一線に戦って生き残ったのである。

まず十六年十二月八日、パラオ基地を出撃してレガスピー（比島）を急襲したのをはじめ、二十年四月、天一号作戦の死闘（戦艦「大和」沈没）を終わるまで、スラバヤ、ミッドウェー、ガダルカナル、ソロモン、ニューギニア、マリアナ、レイテの諸海戦に参加し、三年九ヵ月を戦い通して生き残っているのだ。その間、八十一隻の僚艦はことごとく沈んでしまった。開戦時のわが海軍には、特型および甲型と呼んだ一流駆逐艦が八十二隻あったが、その全部が沈んで「雪風」ただ一隻だけが残ったのである。まことに世界海軍界の奇跡と言わざるを得ない。

第一次世界大戦当時、アメリカの駆逐艦スミス号は、大西洋と地中海において船団護衛に従事し、ドイツ潜水艦と戦うこと幾十回、作戦航程三万二千マイル、無疵で凱旋《がいせん》して有名になった（世界的好運艦として）。

が、「雪風」ははるかに同艦を抜いている。参戦の期間も長いが、その作戦航程にいたっては四倍に上っている。実物が日本にないので正確なる数字は記録されないが、作戦行動距離は直線にして九万六千マイルに達している。その中の何割をジグザグ航法によったかも不明だが、当時の艦長三名にたずねてみると、少なくとも三十パーセントということだから、航程合計は、じつに十二万四千八百マイルと算定して大過ないであろう。

艦長は戦争中に四代替わったが、それらの人々は今日なお健在である。初代の大佐飛田健二郎は鹿児島県川内《せんだい》市に、次代の同管間《かんま》良吉は仙台市に、三代の同寺内正道は栃木市に、四代の中佐古要《こよう》桂次は鎌倉市に、いずれも「雪風」艦長時代を生涯の誇りとして矍鑠《かくしゃく》として暮らしている。

戦争終わって十七年、替わった艦長たちが全部元気でそろっているというのも他に類を見ない慶事であって、本尊「雪風」が「丹陽」と改名して健在するのと好運の一幅対をなすものである。あるいは艦も人も、ともに好運の持ち主であったために、合体して世界一のレコードを作ったのかも知れないが、天与の好運のほかに、その艦の戦力、その人の操艦術、そうして一般乗組員の良質とが、この不滅の名を築く三つの鼎脚《ていきゃく》であったことは争われない。

私はもしも蔣介石氏が、「雪風」を日本に返してくれるなら、それを、最近ようやく横須賀に復活した「記念艦三笠」の隣に繋ぎ、第二記念艦として永久に保存したいと夢みることさえある。奮戦と、好運と、そうして世界に優越した造艦技術の記念として。

2 「雪風」と反対の不運艦

新鋭空母「大鳳」の爆沈

好運艦「雪風」は、どうして幾百となく身辺に落ちた爆弾から身をかわしたか。幾百となく飛来した砲弾を避けたか。または、当たっても沈まなかったか。どこの戦いでどう働いてどんな戦果を挙げてきたか。

沖縄特攻作戦中に、ちょっと、地響きのようなものを感じた。が、だれもあまり気にしないで戦闘をつづけた。戦い終わって調べてみたら、糧食庫の中にロケット爆弾が不発で眠っており、その上部甲板に貫通の穴があいていた。

いかにも運が強い。この種の奇跡が艦内に積もっている好運艦は、どう考えても他に類を見ない。筆者は、これらを作戦の実績に照らして解明して行くつもりだが、調べれば調べるほど「好運」に突き当たり、かつて乗っていた艦長や、水雷長や、砲術長も、話を聞いて、「なるほど」と驚きを重ねるような始末だ。

あまりに運が強いから、その序説として、反対に「運のなかった」戦友の例を、二つ三つ挙げて、「雪風」との対照に供しておこう。軍艦のなかには、人間とおなじような死産もある。建造中に軍縮にあって、途中で解体されたり、沖に持ち出されて沈められたりしたのがその例だが、これは除外し、(イ) 生まれながらにして沈んだもの、(ロ) 一回も戦わずに沈んだもの、(ハ) 第一回戦で沈んだものは、「不運艦」の代表としてわが国にも有名なのがある。

国民の血税で造られた巡洋艦「畝傍《うねび》」が、仏国のアーブル造船所で建造され、日本への回航の途中、インド洋かあるいは南支那海かで海没し、一人の生存者もなくてまったくの行方不明に終わったのは明治十九年の事件であるから、いまはたずねる必要もない。

(注) 同じ時代に、イギリスの高速水雷艇 (いまの駆逐艦) コブラ号が、試運転中に船体が中央から折れて沈んだ例もある。

「雪風」と同じ時代の「不運艦」の代表は、超大空母「信濃」と、同じく大空母「大鳳」の両艦であろう。

「信濃」は排水量六万八千トン。世界最大の空母として、昭和十九年一月、横須賀で生まれた。それが松山の連合艦隊訓練所に赴く途中、アメリカの潜水艦に襲われ、生後十七時間にして海底に没したのである。「信濃」の処女航海には、護衛として「雪風」がついていた。よって、その悲運の最期については、「雪風」の戦史を書く場合にゆずり、ここでは、空母「大鳳」だけに触れておこう。

「大鳳」は三万四千トン。一九四一年の着手空母中では世界最強であった。ミッドウェー敗戦の大穴を埋めるために、防御に新工夫を施し、飛行甲板全面に二十ミリDS鋼鈑を張った上に、さらに七十五ミリの甲鈑（アーマー）を展張し、急降下爆撃機が投下する五百キロ爆弾を跳ね返すだけの力を装備した。ミッドウェーでわが大空母四隻をいっきょに屠《ほふ》ったアメリカの爆撃機も、「大鳳」には歯が立たぬという成算ができた。

昭和十九年三月、日本は「大鳳」の完成を待ってはじめて「機動艦隊」を創設し、六月十九日、米国の主力と決戦すべく、サイパン島の西方海面に進出した。いわゆる、マリアナ海戦（世界名フィリピン海海戦）ここに生起し、日本は「大鳳」を旗艦とする第一線部隊（「大和」「武蔵」「長門」以下）をもって必勝を期した（Z旗翻る）。

午前八時十分、敵潜アルバコアの放った魚雷一発が命中した。が、三発や五発の魚雷で沈む「大鳳」ではない。前部軽油タンク付近の外鈑を疵つけ、ガスの漏洩をうながしただけで作戦には何ら異状なく、「大鳳」は平然として全軍の指揮をつづけていた。

その間戦闘進展し、第二次攻撃隊の発進と、第一次攻撃隊の帰艦収容とに備えて、前部のエレベーター（重さ百トンの大昇降機）を密閉した。そこへ、軽油タンクから漏れるガスが充満し、午後二時三十二分（魚雷を受けて六時間後）、大音響をあげて爆発し、艦上はさながら活火山を現出、六時二十八分に力尽きて沈没してしまったのである。原因は、電気のスパークがガスに点火したものと推定されるだけで確証はえられない。とにかく全海軍の輿望《よぼう》をになって出撃した新鋭の大空母が、こんなことで沈んでしまうとは、この艦が持って生まれた不運と諦めるほかはなかった。完成してわずか三ヵ月、はじめて出撃した戦場で、戦闘の開始直後に致命傷を受け、「機動艦隊」は緒戦に大敗を喫した。運をかつぐ将校の一部は、これで太平洋戦争の前途に悲観の念を深くした。「雪風」と較べて、運不運の差違天地をへだてるごとくである。

3　船殻軽量化の勝利
造船技術は断然他国を圧した

ついでながら、「雪風」のような優秀な駆逐艦が、戦前の日本においてどうして建造されたかの由来を簡単に一言しておこう。

結論から先に言えば、「雪風」の船殻重量（船体の重さ）は全排水量の二十七パーセントしかなかった。武装しないときの艦の重さである。ところが、米英の代表的駆逐艦はそれが三十三パーセントであった。同じ排水量で船殻の重さが六パーセントちがうということは、それだけが、速力、航続力、砲力、魚雷力等の攻防戦力に利用し得るわけで、各国海軍は、その一パーセントの軽重を争ったのである。船殻重量の節減は、造船技術の手腕の決勝点である。艦型、艦首および艦尾の構造、キールの形、鋼《はがね》の強度、熔接の工夫、その他われわれ素人にはわからない技術面の結果が優劣を岐《わか》つのであるが、日本の海軍は自惚《うぬぼ》れでなしに、この重量節減競走で全世界に勝ったのである。

この優勝の起源は、大正十一年、わが海軍造船の鬼才平賀譲博士（造船中将、後に東大総長）が、軽巡洋艦「夕張」の設計に成功したときにさかのぼる。平賀は、日米海軍競争の開始時（大正元年ごろ）から艦政本部にあり、大正十年のワシントン会議（軍縮協定）を目撃して船殻の減量に全魂を打ち込み、三千トンの排水量をもって、五千トン級軍艦の武装を搭載する画期的軍艦の建造を発意し、万難を排してついにこの奇跡を成し遂げたのであった。

平賀は創造力と精神力とをあわせ持つ国士であった。富める米国と貧しい日本が海軍競争をするなら、日本は、三十パーセント軽量の軍艦で米艦と同等の戦力を保持するものを創造するを要し、その達成が造船官に課せられた愛国奉公の全部であるという信念をもって心胆を砕いた。「夕張」についで造られたものが有名なる大巡「古鷹」であった。七千百トンの排水量をもって、八インチ主砲六門を備え、三十五ノット（約六十五キロ）を走るという超優秀艦であった。そのころ（昭和初期）、米英の七千トン級は、六インチ砲八門、三十ノットを第一級艦としていたのに較べ、「古鷹」の設計がいかに素晴らしいものであったかは説明の要なく、その戦力内容が漏れるや、イギリス海軍省から「古鷹」の設計購入を正式に申し入れて来た事実が、もっとも雄弁にこれを証明するのであった。

「古鷹」を少しく拡充したのが大巡「妙高」であって、この一万トン級大巡の世界競争において、日本が断然他を制したことは天下公認の事実となっている。すなわち同一排水量で二十五パーセントないし三十パーセントもすぐれた戦力を備えていたのだ。この造艦の優越伝統が、大にしては戦艦「大和」につたわり、小にしては駆逐艦「雪風」に引き継がれたのである。もっとも海軍の軍令部は船殻減量の成功に乗じ過ぎ、造船官にたいして過大なる武装を要求し、平賀譲は断じて所信を枉《ま》げずに峻拒《しゅんきょ》したが、後継者中将藤本喜久雄はできるだけ妥協したために大事件を発生して造船に暗影を宿したが、間もなく晴れて旧位を復した。

その大事件は「第四艦隊事件」と呼ばれるもので、昭和十年九月二十六日、東北三陸沖合い二百五十カイリの太平洋上で起こった。台風の大波濤《だいはとう》のために（高さ三十メートルの三角波が時速七十キロで艦を打った）、大型駆逐艦「初雪」と「夕霧」とは艦首を切断流失（艦の四分の一）、同中型「睦月」以下四隻は艦橋を倒潰され、空母「鳳翔」は飛行甲板の前端を圧潰され、同「龍驤」は艦橋を潰され、大巡「最上」は艦首外鈑に亀裂を生じ、同「妙高」は中部外鈑の鋲接《びょうせつ》がゆるみ、他に特型駆逐艦数隻が舷側鈑に危険皺《きけんじわ》（切断の前兆）を生ずる、という大惨害を発生したのだ。

その前年（九年三月）には水雷艇「友鶴」の転覆事件があり、ここに帝国海軍は自ら国防上の大危機を招来したのであった。詳細は省くが、原因は、船殻減量の成功に乗り過ぎ、最大限に重武装を積んで、鋼鈑の強度と復原力とを最低線まで引き下げたところに生じた。偉才藤本は引責辞任、福田啓二（戦艦「大和」の設計者）がこれを継ぎ、平賀を呼びもどして相談役とし（平賀は軍令部の過当な武装要求を峻拒したので研究所長に敬遠されていた）、怪しい全艦艇を審査して補強し、かつ新設計にこの教訓を取り入れて日本の軍艦を一倍強力なものにした。

「雪風」はその成果を集めて造られた陽炎型駆逐艦二十四隻の一艦で、公試排水量二千五百トン、全速三十五・五ノット（約六十六キロ）を走るという怪物であった。その怪物連二十三隻がことごとく沈んでしまって、「雪風」だけが一隻残るという運命は、昭和十五年一月の完成時には、もちろんだれにもわかるはずはなかった。

4　武装の最強をほこる

世界に冠絶する「雪風」の出撃

戦艦「大和」「武蔵」も公認世界一の名艦であったが、「雪風」の世界一は、それに優るとも劣らぬ名技術の下でつくられた。造船技術の血筋は一つであるが、おなじく最優秀艦をつくるにしても、戦艦の場合と駆逐艦の場合とでは、後者の方に多くの困難性を感じるのである。船体に制限があるからだ。

戦艦「大和」の基本設計の排水量を六万八千トンと定め、かりに、それが二千トン増して七万トンとなっても、喧嘩になるほどの違算ではない。が、「雪風」はその二千トンでつくり（公試排水量二千五百トン）、一トン増してもお灸をすえられるほどの厳重なる制限を受けてつくられたのだ。その小さい艦が、戦艦を撃沈するだけの武器を積み、そうして戦艦と同じように荒浪を乗り切る「凌波性《りようはせい》」を備えねばならない。ヨク小艦は艦首が高浪に呑まれるのを常とするが、「雪風」はかつて浪に頭を呑まれたことがない。そうして十八ノットの速力で五千マイルを航続することができた。十八ノットというのは、敵の潜水艦が水中で追いつけないことを基準とした速力である。この航海力の上に、例の九三式酸素魚雷十六本を積み（連装発射管四基）、砲力もまた五インチ砲連装三基（六門）を備えていたのだから、二流海軍国の巡洋艦を撃破するほどの戦力を有したわけである。

「雪風」の設計者は牧野茂である。日本が生んだ自慢の造船官、平賀―藤本―福田の後を継いだ天才児、いまでもロンドンの造船評論誌が、「世界の造船官ベスト・テン」の中に挙げている人物である。昭和十四年、牧野は世界非常時の中に静思熟考して駆逐艦陽炎型をつくり、いっきょに世界の水雷戦隊を凌越したのであった。そうして「雪風」はその陽炎型の八番艦として、昭和十五年一月に誕生したのである。

「陽炎」も創造ではない。名人藤本造船中将が造った特型駆逐艦の弱い部分（安定性）を、次代の名手福田造船中将が改良しつつある間に、牧野が助手として傑作を生み出した超特型と称すべき名艦であった。

ＧＭの高さとか、ＯＧの高さとか、ビルジ・キールの幅とか、そういった専門的のことについては、われわれ素人は付け焼刃をふるわない方がいい。とにかく、牧野設計の「陽炎」にいたって、航洋駆逐艦の安定性が確立され、戦力が格段に増強され、しかも一見飛燕のごとき英姿が示現された。俗に言うスリーＳの譬えをもって現わせば、スタビリチー、ストレングス、スマートネスを兼ねた駆逐艦が生まれた。あるいはスピードを加えてフォアーＳと言うも可。スピードの三十五・五ノットというのは公試運転時の速力で、全武器を搭載し、燃料の三分の二を積んで大洋を走ったときの速力である。燃料を満載した場合は、三分の一を戦場進撃、三分の一を戦闘実施、三分の一を帰港用とするその三分の二を積んで実戦的に試験した結果だ。

仏伊の駆逐艦で試運転に四十ノットを出したという記録はある。が、それは、武器も燃料もほとんど積まないで、しかも静水を走ったときのスピードだ。実戦用の試運転ではなくてスポーツ用のテストだ。それなら、「雪風」はたぶん四十二ノットか、四十三ノットで波を蹴ったであろう。水の上を時速八十キロで走るとは驚くべきことである。

そのおどろきを証明したのが、実戦国アメリカの海軍であった。アメリカ海軍は、いかにして取ったか、「陽炎型」をスパイして愕然とした。彼は大量生産中の「ベンソン型」を中途いっきょに放棄し、鋭意改良をくわえて「フレッチャー型」に切り代えた。「陽炎」に対抗するためであった。その結果、速力と航続力とにおいて、「陽炎」に追いつき、太平洋海戦の用兵想定においては日本艦隊に譲らぬという段階に達した。が、それは武力を犠牲にした上のことであった。大砲は、日本の連装三基計六門に対して単装五門であった。それよりも、主武装たる魚雷にいたっては、「陽炎」が二十四インチ魚雷連装四基に次発装塡を備えて十六本を有したのに対し、フレッチャーは、二十一インチ魚雷を八本しか備えていなかった。イギリスもまた「陽炎」を知って急遽これを追い、あらたに「トライバル型」を造ったが、速力、砲力、航続力において比肩したが、肝腎の「魚雷力」においてははるかにおよばなかった。

このように、「雪風」は剛強にして機敏、世界に冠絶する駆逐艦として、昭和十六年十二月八日、パラオの基地から出撃した。

戦前、「雪風」の甲板にはスリッパで歩く士官なぞが見られて、僚艦から田舎者《いなかもの》あつかいされたものだが、そこに無類の粘着力が秘められてあって、善戦ただ一人還るとは、いかなる名司令官にも見通すことはできなかった。

5　「雪風」好運の第一号

敵弾、水雷発射管に命中！

十二月八日（十六年）の早朝、比島のレガスピー急襲部隊（第十六師の第三十三連隊）を載せた船団は、パラオを出港して征途についた。それを護衛する第十六駆逐隊のリーダー（嚮導艦）として先頭に立った。僚艦は「天津風」「時津風」「初風」で、いずれも「陽炎型」の優秀艦。遅速烏合の船団を導くにはもったいない戦隊であった。

十二月十二日の未明、「雪風」は正面にマヨン山の薄暗い姿を発見して直進、黎明前にレガスピー湾に進入した。掃海順調、ただちに陸軍の上陸を援護して適所に投錨を終わり、敵の万一の逆襲に備えた。敵は水上部隊を有せず、ただマヨン山の中腹辺から急降下的に飛行機を飛ばして、駆逐戦隊を襲うこと十数回におよび、開戦早くも海対空の戦闘形式を展開し、「雪風」は機銃をもって全力応戦したが、被害もなかった代わりに、敵機を傷つける戦果もなく、一週間は、爆音と砲声の交換のみに終わった。

われに被害のなかったのは、敵機が二機か三機かの微力であったからで、大編隊に襲われたら、駆逐艦の対空砲では、とうてい太刀打ちができないであろうという観測が、太平洋戦争の第一日にレガスピー湾頭で認められたのであった。山裾《やますそ》からの低空襲来には、さすがの「雪風」も手を焼いたのであった。

その不祥なる観測は、間もなく近傍のラモン湾頭において、「雪風」の上に実証された。

レガスピー上陸戦はなんなく成就し、その目的であった飛行場の占領と居留民の保護は予定どおりに達成され、またラモン湾上陸作戦の助攻としての役割も遂げられた。ラモン湾上陸は、比島の首都マニラ市を、北方と東方とから挾撃するその東方基点を奪う作戦（北方はリンガエン湾）で、森岡中将の主力がそこにせまりつつあった。上陸予定日は十二月二十四日であって、上陸後西進し、ラグナ湖の南岸を経てマニラ市を南東から挾む作戦であった。

森岡中将の主力といっても、その三分の一は前記レガスピーの作戦に従事中（第三十三連隊）、他の三分の一（第九連隊）は土橋勇逸中将の第四十八師団とともにリンガエンに上陸しているので、実力は一個連隊に過ぎず、マニラに向かって西進するについては、レガスピー部隊とのあいだに緊密なる協同作戦を必須とした。この連絡の使者に立ったのが、駆逐艦「雪風」であった。第二水雷戦隊の司令官が、どういう理由で「雪風」を指名したかは明瞭でないが、とにかく「雪風」は選ばれて任につき、レガスピー部隊の幕僚を載せてラモン湾に急航した。十二月二十二日の深夜に出航して二十四日の早朝に湾口に入った。

上陸作戦はいま始まったばかりのときであった。湾頭に現われた「雪風」の上に襲いかかって来たのは勇敢なる米軍の戦闘機であった。

ラモン湾頭の空中戦ではアメリカ軍は立派に戦った。わが哨戒機を撃墜した敵の一機は「雪風」を狙って迫って来た。レガスピーで戦功を挙げなかった「雪風」の防空陣は、復仇の一戦をかち取るべく撃ちまくったが当たらない。逆に一弾を重油庫にこうむり、油が航路に糸を曳いて形勢不利となった。艦長飛田中佐は、急転操艦を反復して難を避けつつ戦闘をつづける中、機銃弾が水雷発射管に命中する金属音を数回も耳にして胆を冷やしたが、幸いに射抜かれて爆発する惨事も起こらず、敵はやがて弾幕の彼方に姿を消した。万一射抜かれて魚雷頭部が爆破されたら沈没か大破か、とにかく致命傷であったが、軽傷者六名を出しただけですんだのは、「雪風」の危機の第一号、そして「雪風」好運の第一号でもあった。

敵機をわが正横に観るごとく操艦をつづけた飛田艦長の伎倆も危機の回避に役立ったに違いないが、主因は「雪風」が天から授かった好運の実在にあったようだ。敵去り、上陸終わり、そうして肝腎の作戦連絡もすんだ。「雪風」は、木栓をもって数ヵ所の傷を手当し、すぐにレガスピーの本陣に帰った。

陸軍の連絡将校は艦を降りるとき、お礼の言葉の最後に、「運がよかったですナ」と感激の一句を残して去った。艦長も、「今後も武運長久を――」と言って別れた。が、それは人間同士の運を讃え合う言葉であって、「雪風」が固有する大運については、この人々はまだ片鱗も感ずるところはなかった。

6 メナド戦において至近弾

上陸作戦を護衛する駆逐艦隊

戦争はこれからである。木栓で充塡した応急手当の数ヵ所は早く本式に治療しておかねばならない。

「雪風」の新春（昭和十七年）の戦場は蘭印（今日のインドネシア）に予定されていた。一月上旬、セレベス島のメナド攻略戦を筆頭に、ケンダリー、クーパン、アンボンの占領戦と休みなく続く計画である。あるいは陸軍船団の護衛に、あるいは連合軍水上部隊との海戦に、「雪風」の第十六駆逐隊は、一つの強靭なる戦力を献じなければならない。

そこへ、十六年の大晦日《おおみそか》、工作艦「明石」がダバオ（比島）に入港した。「雪風」はただちに「明石」の舷側に着いて、酸素熔接による正式の修理を損害個所にほどこし、一月三日には完全なる健康体となって出撃した。運びは上乗である。各方面の緒戦において、二百五十隻の軍艦が出動したなかで、「雪風」が対空戦で負傷し、そうして工作艦を煩《わずら》わす「入院患者の第一号」となったことも、同艦のその後の運命を大観する上には顕著なる出来事であった。

さて、セレベス島の要衝メナド（注、メナドは、無線時代以前までは、グアム島およびヤップ島とをむすぶ海底電線のステーションとして世界的に有名な港であった）の攻略作戦は、一大激戦を予想して慎重に進められ、陸海両軍の協同進攻戦によって一月十日から開始された。

メナド占領戦の名は、日本がはじめて空挺部隊を降下したことによって知られている。空挺作戦といえば、陸軍が二月十四日、パレンバン（スマトラ島）の油田を占領した一戦をもって代表されているが、その先駆は、一月十一日、海軍がメナドで行なったものであった（堀内中佐の空挺一個中隊）。ここではそれらの作戦には触れていられないが、陸軍の上陸作戦だけでは早期攻略がむずかしいであろうというので、空中と地上とから挟撃したわけで、その地上軍はケマ泊地から上陸戦を行ない、その上陸軍を護衛したのが、「雪風」をリーダーとする四隻の強力駆逐艦隊であったのだ。

空挺隊と上陸軍とは、十一日の夕刻には早くも連絡を全うし、要港メナドは簡単にわが掌中に帰したが、敵は飛行機をもって港内に停泊する艦船の爆撃を反復した。駆逐艦の対空砲のとどかない上空から、彼は爆弾を投下し、「雪風」はその数個を身辺に受けた。いわゆる至近弾であって、その「近さ」が二、三メートル以内の場合には、ときに直撃弾よりも恐るべき損害をこうむることはすでに周知のとおりであり、軍艦が例外なく空襲を恐れるゆえんであるが、このメナド戦においても、至近弾は幾たびか「雪風」の胴体を震わせた。当時の乗組員の感想を聞くと、「何度も大地震のように震えて気味が悪かった」というから、おそらく危険距離の近所に落下したものであろう。が、「雪風」への致命的至近弾とはならなかった。

作戦成功して一休みの最中、一月十三日、偵察機から敵艦出現の緊急通報が到来した。内容は「敵潜多数北上中なり」という物騒極まるものであった。いよいよ海戦だ。「雪風」はただちに先頭となって出撃した。「時津風」「天津風」「初風」これにつぎ、後陣に軽巡「神通」と駆逐艦「漣」「潮」とがつづいて出撃、やがて広正面の対潜掃蕩隊形をつくって索敵南進した。ところが、さがし当てたのは鯨の大群であった。不慣れの偵察機搭乗員が誤認したもので、怒るよりは笑って引き揚げるほかはなかったが、翌十四日、今度は「敵の軽巡を中心とする一隊ケンダリー付近の海上にあり」との急報が来た。ケンダリーは、一月二十一日に上陸戦を行なう占領予定地であるから事重大である。「雪風」はふたたび嚮導艦となって急遽抜錨、その海面に殺到して敵をさがしたが、今度は鯨もなく、雲も煙も見えずに引き返した。

そうして一月二十一日、予定どおりにケンダリーに進攻、二十五日にこれを陥れ、ただちに転進してアンボンに向かった（一月二十八日）。アンボンは、蘭領印度と豪州とを結ぶ連絡線上の要衝（セレベス島とニューギニアとの中間）。敵も相当の抵抗を見せるであろうと予想され、日本も用心して進撃した。

港内には機雷も敷設されてあり、要塞らしきものもあり、小規模の空軍もあったが、わが軍は緒戦大勝の余威を駆って二週間目にこれを抜いた。潮流早く、小島嶼群生する海上を、ぶじに作戦した「雪風」部隊の戦績も、とくに好運を自覚するほどのものではなかった。

7　スラバヤ海戦の快勝

爆雷一投、オランダ潜艦を葬る

今村均大将の蘭印攻略軍が出航（二月十八日、輸送船五十七隻、カムラン湾（仏印、いまのヴェトナム）発）するにいたって、この方面の海上はにわかに波がたかくなった。連合軍の東洋艦隊は、英戦艦プリンス・オブ・ウェールズおよびレパルスの二隻を撃沈されて戦力をいっきょに失ったが、残存の巡洋艦隊（米大巡ヒューストンを主力とする軽巡四、駆逐六の一隊）は、日本の侵攻船団を無為に見のがすはずはなく、ジャワの近海で、わが護衛艦隊との間に一戦はまぬかれない形勢であった。

その海戦の日は、十七年二月二十七日に来た。オランダ巡洋艦デ・ロイテルおよびジャワを中心とする一隊が、わが船団の前路に待機しているのを発見したのだ。太平洋戦争最初の水上部隊同士の戦闘が開始された。

わが軍は大巡「那智」「羽黒」と、第二および第四水雷戦隊とからなり、戦力の優勢ははじめから問題でなかった。問題は、この海戦(スラバヤ海戦)を、日本が魚雷で全滅的に処理したことであった。その魚雷戦のことは前章に紹介ずみであるが、この魚雷戦で「雪風」は、第十六駆逐隊をみちびいて単縦陣の中央部に占位し、約一万メートルの遠距離から八本を発射し、さらに次発装塡をすませて反転突進したときには、もはや敵影は全部海上から消えていたのであった。何艦の魚雷が戦果を挙げたものかもとより不明だが、「雪風」の魚雷が、この日はじめて発射管を辞して遠く大水柱の奔騰するのを眺めたことは、万歳を大声三唱する戦記の一ページであった。

それよりも、翌日、「雪風」の甲板上に四十余名の捕虜が海中から拾いあげられて戯れている光景の方が、描写に値するかも知れない。敵の水兵火夫たちの生き残りは、各艦に拾われ、主に駆逐艦「初風」によって救われたが、それらを一纏《ひとまと》めにして、捕獲船まで運ぶ仕事が「雪風」に課せられた。ラモン湾連絡の件以降、こうした世話役が、いつも「雪風」の上に回って来るのも興味深い縁起であったが、「雪風」は彼らを積んで、単艦バンゼルマシンに航した。そこに繋がれていたオランダの捕獲病院船に移すためである。捕虜のなかには、一人英国の海軍大尉がいて、起居の間に大海軍国の将校らしさをしめしていたが、ほかの四十余名は、白人四名のほかは、ジャワ人やインド人その他の有色人種で、生命の助かったことを歓ぶ情を飾りなく表現し、慣れて来ると歌う者あり、踊る者あり、多くは手真似で日本の水兵と歓談の時を移すありさまで、とうてい戦時の殺伐な風景を思い起こすことはできなかった。

それは、今村将軍のジャワ征定戦が、わずかに八日間で達成された驚くべき事実の裡に、有色人民全部の協力があったごとく、下級の水兵たちも、有色人が有色人によって解放されるという素朴なる感情の歓びが、流露するもののごとく、「雪風」艦上の雑居は、まことに和やかな雰囲気の平和境を点出するのであった。

この輸送の前日、「雪風」が爆雷一投、オランダの潜水艦を撃沈したことは、「雪風」の戦史に書き落とすことのできない戦功の一つであった。

このころ、連合国（米英蘭豪）の東洋艦隊中で、一番光っていたのはオランダの潜水艦であって、それは戦前のわが海軍の全然念頭になかった障害であった。敵の他の水上部隊は造作なく制圧したが、ひとりオランダの潜水艦だけは、マラッカ水道からジャワ海にわたって百日あまりわが船舶を脅威した。二月二十八日、「雪風」は数条の雷跡を巧みに回避して、逆に爆雷攻撃を実施したが、その日の夕刻、一発の爆雷は、やがて轟音とともに多量の重油を海面に浮上させ、敵潜水艦の爆破されたことを明証した。戦況報告が常に自重に過ぎて部下の不平を誘った艦長飛田健二郎も、この日の報告には、「敵潜一隻爆沈確実と認む」と、墨痕鮮やかに書いた。

さて、敵の東洋艦隊を撃滅して西南洋作戦一段落ののち、「雪風」は転戦してニューギニアの北半分を征定すべく出陣した。さきごろ、インドネシアとオランダとの間に小海戦があって知られた「西イリアン」地区である。「雪風」が本拠アンボンを出撃したのは三月二十九日であり、それから、ブナ、ソロン、テルナテ、マノクワリ、セルイ、サルミ、ホーランディアの各要港に侵入して攻略の目的を達し、いわゆるN作戦を完成帰陣したのは四月二十五日であった。その間、多少の抵抗のあったのは、サルミ、ホーランディアであったが、嚮導艦「雪風」が派した陸戦隊の展開だけで、難なく征定の目的を達したのであった。

8　信じ難きミッドウェー敗戦

血気の「雪風」暗然立ち尽くす

ニューギニア征定戦を終わった「雪風」は、小休憩の後、五月下旬にサイパン島に急航した。ミッドウェー島占領部隊――大佐一木清直の連隊――の船団を護衛するためであった。レガスピー急襲の第一戦以来、「雪風」に課せられた任務はもっぱら船団の護送である。そうして、十二月八日から十七年四月末までの諸戦闘をことごとく成功裡に終始し、戦争は勝つものという観念が艦内を一杯に流れていた。アンボンを出航するときから、新任務はミッドウェー占領軍の護送であることが艦内に知れており、乗組員たちは、今回も占領は間違いないものと信じて、嬉々としてサイパン島へと急いだ。十六年十一月、千島列島の単冠《ヒトカップ》湾に集結した二十六隻の艦船が、出撃前日まで全然目的を知らされなかった機密厳守の規律に較べて、軍紀の弛緩に雲泥の相違があった。

五月二十八日、「雪風」は一木船団十六隻の左側前方に占位して東征についた。船団は訓練を積んで運動順調、みな数日後にはアメリカ領土の一端に日ノ丸の旗を翻すことを楽しみつつ真っすぐに東進した。ただ、六月二、三日ごろ、他の艦隊からの無線が傍受され、分隊長大尉藤田虎治郎が、「無線は断禁事のはずなのに何事か」と、艦長の前で怒鳴り回す真剣なる戦士の物語もあり、連勝の気の緩みが、しらずしらずの間に幕僚陣に巣食いつつあるのが感知された。

六月四日午前十時、先頭にあった「雪風」は、東方の水平線上に一機のPBY水上機を視認し、全艦船に空襲警報を発した。果然、午後二時、九機のB17爆撃機隊が来襲し、護衛艦隊（大巡「愛宕」「鳥海」「熊野」「鈴谷」、駆逐艦八）との間に海空の一戦が戦われたが被害なく航進。夜に入って潜水艦の来襲があったが、「雪風」以下の爆雷戦はこれを撃退して、一木連隊二千八百名は、いよいよミッドウェーの西方二百五十マイルの海上まで進出した。

明くれば五日早朝から機動部隊苦戦の報がぞくぞくと入って来た。「雪風」の乗員たちは「信じがたき不可思議」と考えながら東航を急いだ。すると正午ごろ、「輸送船団は西方に退避させ、第二水雷戦隊は南東に索敵配備につけ」という緊急命令が下った。事態容易ならず、「雪風」の一隊は惜しみなく罐《かま》をたいて東方に急行した。

六日午前一時、「雪風」の見張員は二万メートルの遠方に灯火の明滅するのを視認、全軍戦闘準備をととのえつつ急航する。しばらくにして、それは空母の燃えつつある姿であると認定し、願わくはそれが敵の空母であることを祈りながら近接すると、何事ぞそれはわが空母「赤城」が火達磨《ひだるま》となっており、付近に四隻の駆逐艦が警戒と救助とに疾駆しつつある光景を見たのであった。暗然、しばし立ちつくしていると、「攻撃を中止して敵の空襲圏外に退避せよ」の命令が下った。戦さは負けたのだと知って、血気の「雪風」は悄然と西に向かって退いた。

不安の夜が明けると、濃霧の彼方に、「大和」以下の連合艦隊主力が西進しているのを見た。昨日は堂々と東にすすんでいた大艦隊が、反転退避しつつある姿に、乗員の眼がうるんだ。すると間もなく、大巡「三隈」の無線が、「われ敵機の襲撃を受く。速力九ノット。敵機動部隊近傍にあるもののごとし」とつたえ、また大巡「最上」から、「われ第二次空襲を受く。航行不能」と急報して来た。戦勢いよいよ非である。と同時に、山本長官は艦隊に二直角回転を急施して、東方進撃の姿勢に立ちなおった。ジュットランド海戦（一九一六年五月の英独主力決戦）で、ドイツの司令長官シェーア中将が、麾下《きか》の巡洋艦を救うべく二直角反転を行なったのと相通ずるものがある。山本は敵機動部隊を求めて復仇撃滅戦を企てたのである。

緊急索敵命令が「雪風」の上に下った。「雪風」は罐も破れんばかりに油をたいて東方に反転急航、鵜の目、鷹の目で敵を捜した。捜索十余時間ついに敵影を見ず、六月七日早暁、作戦の中止命令を手にしてふたたび西方に転じ、乗員の一部を収容してさらに東南を索敵中、六月十三日にトラックの基地に帰った。休息一昼夜にしてグアム島にいたり、そこから一木連隊の一個大隊を護衛して六月二十一日に横須賀に帰って来た。護送の世話役は、いかにも専門家らしく立派に果たしたが、開戦以来はじめての敗北に軽いショックを受けて、柱島（呉軍港外）の錨地に着いたのは六月二十四日であった。しかり、護衛の任は勤め上げた。「雪風」の戦闘はこれから本当に激しさを加えるのである。

第八章　不沈駆逐艦の意気

1　新艦長も好運の人

どんな激戦場へ出ても大丈夫

久しぶりで所属港の呉に落ち着いた二百六十五名の乗員たちは、焼け落ちる空母「赤城」の惨状はわすれ得なかったが、これくらいの一敗で日本の大海軍が負けてしまうなぞとは夢にも思わず、間もなく水雷屋の健強なる戦意によみがえった。勝つ時もあれば負ける時もある。そうして、六ヵ月勝ち通して一回だけ負けたのだ。これからふたたび戦勝の六ヵ月にもどるであろう。またわが身を顧みれば、ずいぶん危ない戦場に先駆し、傷は受けたがつねに急所をはずれており、この分だと、「雪風」は不沈駆逐艦で表彰されるかも知れない、というような冗談話が、ときどき食堂のテーブルをにぎわすのであった。

艦長飛田中佐は、六ヵ月をとおして一日平均三時間しかベッドで寝なかった疲れから、六月末には、ついに入院の身となり、代わって中佐菅間良吉が乗り込んで来た。同時に、「雪風」は、新設の第三艦隊（機動部隊）に編入されてガダルカナル方面の戦場に進出することになった。

菅間は温顔をそのまま、あたかも自宅の玄関に上がるようなかっこうで乗り込んで来た。間もなく、艦内に流れている「砲弾が急所に当たらない縁起」の話を聞き、それに応えて、「爆弾も当たらぬものだ」という経験談を語った。菅間は、太平洋戦争で、イの一番に敵の爆撃をこうむり、ぶじに帰陣した体験の持ち主だったのである。

彼は、駆逐艦「磯風」の艦長としてシンガポール攻略の佗美《たくみ》兵団の護衛に任じ、十六年十二月八日午前零時、太平洋戦争の第一戦であったコタバル（マレー半島）上陸戦に参加した。そこで英軍航空部隊の爆撃をこうむり、三隻の輸送船はいずれも被害し、淡路山丸は爆弾十六個を受けて沈み、綾戸山丸は八個、佐倉丸は七個を受けたが、その防空に任じた「磯風」には破片も当たらなかった。菅間は、そこで爆弾はめったに当たらぬものだ、という印象を深く胸に刻まれ、十七年八月、「雪風」に乗り込んで来ると、その印象を乗員たちに語って、自信を艦内に流した。

謹厳で信頼されていた砲術長森田隆司大尉は、その話を受けて、「この艦は本尊が好運の上に、艦長まで好運な人だから、どんな激戦場へ出ても大丈夫だ」と相槌《あいづち》を打った。乗員たちは声高らかに迎え、気持はいよいよ「不沈艦」へと傾いて行った。そうした自信らしいものを抱いて、「雪風」は、十月二十六日のサンタ・クルーズ海戦に出撃した。同海戦の詳細は既述したから繰り返さないが。第三艦隊南雲本隊の航進体系（南に向かう）は次頁図の通りであった（大空母二、軽空母一、大巡一、駆逐八）。

敵はエンタープライズとホーネットの両空母を主体とする機動艦隊で、十月二十六日の早

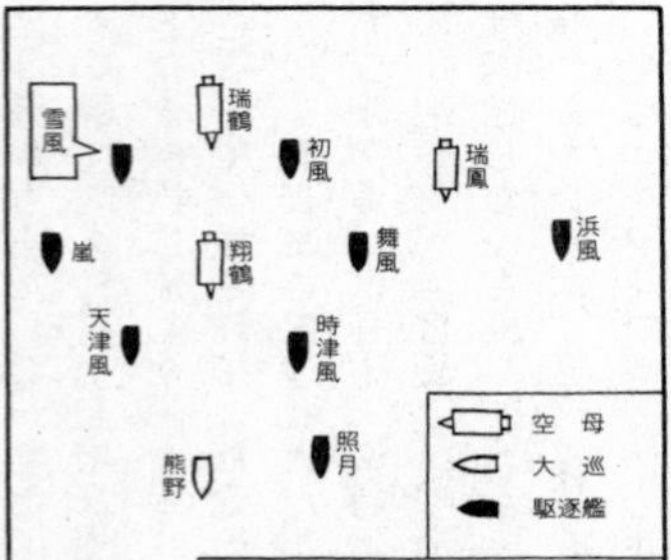

南雲艦隊の航進体系

朝から激しい爆撃戦が展開され、日本は敵艦ホーネットを撃沈し、エンタープライズを傷つけたが、わが方も、「瑞鳳」がまず飛行甲板を焼かれ、ついで「翔鶴」も甲板に四弾をこうむり、大火災を起こして戦列外に去った。

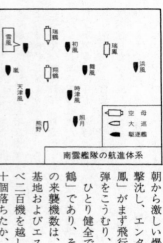

ひとり健全で最後の勝利の締め括《くく》りをしたのは空母「瑞鶴」であり、そうしてその直衛艦が「雪風」であった。敵の来襲機数は、空母二隻の艦上機のほかに、ヘンダーソン基地およびエスピリッツ・サント基地の空軍も出動して、延べ二百機を越したものと推算され、したがって、爆弾は何十個落ちたか、数えきれない。とくに、「瑞鳳」が早朝に火災となり、「翔鶴」が午前九時ごろに炎上避退して後は、敵の狙いは当然に「瑞鶴」一艦に集中されることになった。

にもかかわらず、空母中の好運艦「瑞鶴」は、一、二弾を擦《かす》られただけで戦闘力になんの影響もなく、そうして直衛艦「雪風」には破片も落ちなかったのである。同僚駆逐艦中の「天津風」「時津風」は「翔鶴」と共に、「舞風」「浜風」は「瑞鳳」をまもって戦列外に退き、「照月」は大巡「熊野」と共に追撃体勢にはいり、主力「瑞鶴」の周辺は、「雪風」「初風」のみとなった（「嵐」には南雲中将の司令部移乗して後方にあり）。そうしてさらに南進をつづけ、ホーネット号が燃えつつある現場に達し、掩護中の敵駆逐艦オースチンおよびアンダーソンの二隻を追い払い、ホーネットの沈むのを見とどけて凱歌を奏しつつ引き揚げたのであった。

2　ガ島総攻撃の支援

飛行場砲撃にむかう

一方、ガ島において、必勝を期して試みた第二師団の夜襲戦が完敗に終わったので（十月二十六日、ヘンダーソン基地奪回戦）、第十七軍は戦略を一変して、重砲を主体とする正攻法を断行することに決定し、それから船団輸送はいよいよ多端を加えることになった。かかる場合に、わが輸送の眼前の敵、すなわち敵の空軍力を減殺《げんさい》するのは兵の常道であり、そのために、ヘンダーソン基地に砲爆撃を加えて飛行機の発着を一時不可能の状態に陥れておくことは、わが海空軍の反復実行したところであった。

その最有効の方法は、まえにも述べたように、金剛級の高速戦艦が十四インチ口経の巨大なる焼夷弾（三式弾――焼却力七十パーセント、破壊力三十パーセント）を打ち込むことで、げんに十月十三日、栗田中将の率いた戦艦「金剛」「榛名」の二隻が、三式弾一千発を打ち込んで、ヘンダーソン基地を火の海と化せしめ、数日間その使用を不可能にした事実は、米軍を恐慌状態に陥らしめるとともに、山本五十六の自信をいちじるしく高めたものであった。また、その間に、第十七軍司令部（百武晴吉中将以下）も無事に、ガ島に渡ることができたのだ。

今度は、前記第四次総攻撃のために、重砲五十八門、弾丸七万五千発、二万人の糧食一ヵ月分という大量輸送を行なうのだ。十一隻の大船団は準備についた。そこで是が非でも実施せねばならぬのは、ヘンダーソン基地の焼却破壊砲撃であり、連合艦隊長官は、十一月十二日、「比叡」「霧島」の両戦艦を派してこれを断行させることになった。目的は敵艦隊との海戦ではなくして、飛行場の砲撃である。阿部弘毅少将の率いる戦艦「比叡」と「霧島」は、焼撃用の三式弾を用意し（砲撃用の零式弾は弾庫の底の方に蔵して）、十一月十二日の暗夜、ガ島飛行場（ヘンダーソン基地）へと忍び寄った。

途中敵に遭ってはまずい。今度の場合は好敵ござんなれ、というわけにはゆかない。ルンガ泊地の沖合いに達して飛行場を叩き潰すのが狙いなのだから、道草は禁物である。避けられる敵なら避ける方がいい。軽敵ならば、前衛部隊をして追い払ってしまうのが一番だ。よって砲撃艦隊は、十キロの前方に五隻の駆逐艦（「村雨」「夕立」「五月雨」「朝雲」「春雨」——旗艦軽巡「長良」）を配して哨戒を厳にし、その後方から、「比叡」と「霧島」とが六隻の駆逐艦に護られて進撃して行った。「雪風」は「比叡」の左舷前方千五百メートルに位置していた。直衛艦が占位する定石の位置である。

この夜天候ははなはだ不良、おそい来るスコールは物凄い密度で、さすがに優秀な見張員も前路咫尺《しせき》を弁ぜずという真っ暗闇。すでに到達しているはずのサボ島も、エスペランス岬（ガ島）も皆目見えない。擱坐の危険生が十分に懸念されたので、阿部少将はいったん北に反転して時を待つことにした。「全軍右百八十度一斉回頭——用意」の電命が各艦に伝えられた。時に十三日午前零時十分であった。

こうした艦隊運動の場合、まず「用意」を命令し、時を計って「発動」を命ずるのが定法で、その時間は普通に一分、長くても二分を越さないのがわが海軍の常軌であった。前路掃蕩隊（軽巡一、駆逐五）の指揮官高間少将は、駆逐艦「朝雲」の司令室で時計をにらみながら「発動」の命令を待ったが、三分も四分も過ぎていまだに発令されない。高間は、通信士が「発動」の電命を聞きもらしたものと信じ、独断で「朝雲」を百八十度転回させた。それを見た後続艦「村雨」と「五月雨」とはあわててそれにならって、「回れ右」をおこなったが、その転回を見失った「夕立」と「春雨」の二隻は、そのまま南進をつづけた。かくて第四水雷戦隊は闇の中で南北に分離してしまった。

その後数分をおいて「発動」の命令が発せられたときは、触角を勤めていたはずの駆逐艦五隻の中の三隻はとっくに北転をすませ、「比叡」よりもはるか後方に下がっており、前駆するのは二隻だけとなって、索敵力を七割近くも失う結果となった。

皮肉にも、スコールは間もなく過ぎ去って、空には満天の星が輝くのを見たので、阿部長官は再び艦隊に百八十度転回を命じ、速力を上げて飛行場砲撃のために南進を開始した。折りから同じヘンダーソン基地への護送任務を終わったアメリカの巡洋艦艦隊（巡洋五、駆逐八）は、カラガン、スコットの両提督の指揮下に北進中であった。日本の「東京急行」を妨害する目的であること言うまでもない。かくて、阿部とカラガンの両艦隊は、南と北から、時速百キロの速さをもって近寄りつつあった。

3 大艦同士の超近接戦
余りの近さに機関銃で打ち合う

両艦隊は期せずして意外の近距離に顔を合わせてしまった。両軍の司令官が、敵発見の報告を受けたときは、すでに一万メートル以内に接近しており、時刻はともに十三日午前一時四十二分であった。

米艦ヘレナ号のレーダーは、すでに二万七千メートルにおいて黒影二個を捉えていたが、それは「比叡」と「霧島」の両艦であって、前駆中の小艦「夕立」と「春雨」とはスクリーンに映らなかったらしく、また旗艦サンフランシスコはレーダーに故障があって指揮の敏速を欠き、戦闘態勢に入るのが遅れた。

一方に、日本の旗艦「比叡」では、少なくとも二万メートルで敵を発見する用意のために触角駆逐艦五隻を十キロ前方に派しておいたのが、前述の転回錯誤のために分散して敵の発見を逸し、「比叡」自身が敵を見たのは約九千メートルの近距離に迫った後であった。また前衛の「夕立」「春雨」が敵を発見したのは五千メートルの近くであった。そこで勇敢なるこの二隻の駆逐艦は猛然として敵の戦列前方に突進したので、敵の先頭駆逐艦（クッシング号）は大慌てで舵を右方直角に引いて避け、つづく駆逐艦三隻（ラフェー号以下）もそれにならって直角転回を行なった。そこで後につづいた巡洋艦主力（アトランタ以下五隻）は裸になってしまった。即刻その転回理由を質《ただ》している瞬間に大きな軍艦が目の前に現われた。

日本の戦艦「比叡」である。敵の驚きは言語に尽くし得なかったが、「比叡」もまた驚かないわけはなかった。

期せずして大艦同士が舷々相摩すと形容するような近接戦を現出することになった。旗艦「比叡」は、当然に探照灯を点じて戦場を照らした。少なくとも七千メートルの遠方までとどく「比叡」の照射は、敵味方の状況をハッキリと映し出した。艦隊の夜戦には、旗艦が敢然と探照灯を点じて味方の攻撃目標を明示するのが常法だが、それだけに敵からの攻撃に身を曝《さら》すことも避け得ない。

敵は駆逐艦までが「比叡」の艦橋を狙って速射砲を打ち込んで来た。敵の駆逐艦バートン号は「比叡」の右舷百メートルを反航し、彼は高角砲で打ち上げたが、「比叡」は舷が高いので砲を下に向けることができなかったというほどに接近した。巡洋艦主力も、近くは一千五百メートルに接した。

大小の砲弾が雨射されて、「比叡」の艦上構造物は大きい損害をこうむった。日本の戦艦は艦上に高層ビルディングを建てているので、三千や四千の近距離で戦えば撃たれるのは当然で、弱い艦ならとっくにまいってしまうところだが、戦艦の防御鋼は主要部分においてことごとく敵弾を跳ね返し、「比叡」の大砲は最後まで唸《うな》りつづけた。

(注)敵弾は舷側綱を射抜くことはできなかったが、そのうちの水中弾が「比叡」の舵を破壊したことが致命的となる状況は後に詳しく書く。

この海戦は「雪風」が戦った多くの海戦中で、もっとも光輝あるものの一つであるが、日本名では「第三次ソロモン海戦」と言い、世界名で「ガダルカナル海戦」と呼ばれている。十一月十二日深夜から十五日にわたる一連の海戦で、その後半にはわが戦艦「霧島」が、敵の新鋭戦艦ワシントンと闘って大損害を受け自沈、前半には「比叡」もまた大破してついに自沈し、結局はアメリカの勝利ということに定論されているが、その前半（第一回戦）は明らかに日本の勝利であった。十二日の夜戦において、日本は駆逐艦「夕立」と「暁」の二隻を失ったのに対し、アメリカは巡洋艦アトランタおよびジュノーの二隻と駆逐艦クッシング以下五隻、合計七隻を失ったほかに、司令官少将カラガン、第二司令官少将スコットが戦死し、指揮者を失って敗走したからである。

さて本題の「雪風」であるが、同艦は軽巡「長良」の後方を南進中、「比叡」の探照灯に照らし出された敵艦の一群を右舷に発見し、自動的にそれに向かって突進して行った。本当に石を投げたら当たるような近くで、敵の駆逐艦が舵機を損じ、燃えながらうなっているのを認め、まず五インチ速射砲をもってこれに止めを刺した。駆逐艦バートン号と思われる。つづいてさらに他の一艦と接近し、あまりの近さに両艦は機関銃をもって打ち合った。距離は一千ヤード前後である。そのとき「雪風」の測距手墨水兵長は、艦橋上にあって眼を射抜かれて戦死し、「雪風」戦死者リストの第一番目の犠牲者となった。

軍艦が機関銃を撃ち合うという近接戦も珍しいが、その一弾が艦の最高段に立っていた測距手の肝腎の眼を射抜いたというのも珍しい運命の出来事であった。

4　懸命に「比叡」を誘導

戦勝の朝、敵機出現す

「雪風」はここを先途と暴れ回った。得意の魚雷は打つわけにはいかない。混戦乱闘の戦場であり、敵の後ろ側に味方の艦がいることも十分想像されるからだ。戦いは主として五インチ速射砲によってつづけられた。一隻を仕止めて意気衝天の「雪風」は、反転して二番目の駆逐艦の止めを刺した。多分ラフェー号とおもわれるが、五インチ砲弾がつづけざまに砲塔下に命中し、爆発の火焰と轟音とをあげて沈んで行った。午前二時ごろであった（十一月十三日）。

戦い終わって語り合えば、花火のコンクールがガダルカナルの近海で挙行されたことになるが、耳をつんざく砲声と、速射砲の金属音と、砲弾の唸り声とは、人を殺人鬼と化して夢中で生命を奪い合っていた。そのなかに「雪風」はあたかも防弾チョッキその物のような弾丸不感性の怪物として駆け回った。総勢十三隻中の七隻を沈められ、二人の提督を奪われた米艦隊は、ガダルカナル島の北方を回って敗走し、午前二時十分、海上は静寂に返った。そこで阿部長官は、早朝の敵機襲来に備えて、全軍の反転北上を命じた。時に二時二十分であった。

戦艦「霧島」、軽巡「長良」、駆逐艦七隻は、空襲圏離脱のために全速力で北進についた。あとに残ったのが、戦艦「比叡」と、それを護る「雪風」と僚艦「照月」であった。

「雪風」が「比叡」に近寄って見て驚いたことは、大戦艦がどうやら進退の自由を失いかけている実情であった。舵をやられたのである。前述のように「比叡」は敵の集弾を受け、甲板上に血と肉と鉄片とが散り、作戦参謀鈴木中佐戦死、司令官阿部少将も傷つき、幾回か小火災も発生して苦戦の模様を思わせたが、しかも傷はみな外傷であって、大戦艦の内臓はビクともするものではなかった。ただ恨むらくは、外傷の一つが舵を損じたことで、いわばアキレス腱を切られたのであった。

「比叡」の機関は健在であり、二十八ノットの高速力を出せる力を維持していたが、舵がなければ直航ができない。大きな図体の跛《は》行者《こうしゃ》ができたようなもので、護衛の「雪風」は容易ならぬ立場に追い込まれた。というのは、舵のない船は曳けぬ、という航海の原理は、何人も動かすことができないからだ。まして相手は三万トンの巨艦である。「雪風」はどんな措置をとったか。

昔（と言っても昭和十年九月のことだが）、連合艦隊第四艦隊の秋季大演習が三陸沖でおこなわれたとき、未曾有の大暴風雨に襲われて、空母、巡洋、駆逐の各艦十余隻が大損害を受け、一流駆逐艦で艦首を切断されたものが二隻も出た。その中の一隻「初雪」を、巡洋艦「大井」の西田艦長が曳航して名を揚げた。西田は、無舵の軍艦を曳く場合には、二ノット以上の速力では曳索が切れると計算して、岩手県沖から青森湾まで三昼夜を費やして（乗員は遅速力に不満を表したが抑えつけて）みごとに目的を達した。

これから考えても、「雪風」が「比叡」を曳くなぞは問題にならない。幸いに「比叡」は動けるのだから、そこで「雪風」が艦尾灯をもって「比叡」を誘導することを試みた。するとしばらくは随航するが、間もなく方位を失って横に走ってしまう。そこで「雪風」はまたその前方に行って誘導につく。たちまち曲がり、すなわち反転誘導する。これを反復することと何回かを重ねつつ、北へ北へと離脱し、十三日午前十時半頃に、ようやくサボ島とガ島カミンボ湾を結ぶ線の北方十マイルぐらいの地点まで北上することができた。大難航、この分ではラバウルに帰るのに三週間を要するであろう。

そこへついに最大の苦手があらわれた。ヘンダーソン基地から飛んで来た敵の飛行機である。阿部艦隊の夜間反転も、夜明け前にこの敵機の爆撃圏外に離脱するのが目的であったのだが、遅速力の「比叡」は、ついに独り残ってその敵につかまってしまったのである。

5　巨艦ついに力尽く

「雪風」にも至近弾一発

カラガン艦隊敗戦の仇を討つ機会が、今度は米国空軍の上に回って行った。日本の大戦艦が一隻だけ航行機能を失って残り、それを二隻の駆逐艦（「雪風」と「照月」）が護っているに過ぎない。

戦死したカラガン提督が、「大物を狙え—Attack Big One—」と言い遺した命令は、敗北の艦隊には果たすすべもなかったが、いまこそ空軍が代わってその遺言を実行する天恵があたえられたとばかり、敵の爆撃機は入り代わり、立ち代わり、「比叡」に爆弾の雨を叩きつけて来た（注、来襲機はヘンダーソン基地のガイガー少将の空軍、エスピリッツ・サント基地のフィッチ少将の空軍〈B17重爆十八機を含む〉および空母エンタープライズ号の先遣爆撃部隊の連合であった）。

ヘンダーソン基地から、二十分以内で飛んで来られる海面だ。十三日午前十時半ごろから、敵機は一時間に三回ぐらいの間隔をもって来襲した。当方には反撃の一機もなく、高角砲は多少の効果はあっても、敵から見れば爆撃演習の気分で狙い撃ちを敢行し得る状況で、いかに堅牢《けんろう》な戦艦でも、生命を保ち得ないことが明らかとなった。乗員は舵機の応急修理に懸命の努力を試みたがついに絶望となった。午後四時、阿部少将は「雪風」に移乗、乗員も「雪風」と「照月」とに収容し、連合艦隊司令部に対し、「『比叡』を放棄して可なるや」を問うたが、司令部からは、「極力曳航せよ」という電命が飛んで来た。が、舵はなく、援軍はなく、孤立して刻一刻と浸水をつづけ、なお連続爆撃を喰っている軍艦を曳航退避するなぞは、神様にもできない現実無視の命令であった。

一般乗組員は「照月」に収容され、一足さきに危険海面を離れたので、いまは「雪風」と「比叡」のみが敵の爆弾下に苦闘することになった。日没が近づくころからいよいよ激しさを加えて来た。最初は三機ぐらいで来襲したのが、だんだんと大きな編隊に拡大され、したがって「雪風」を狙う爆弾も増加する一方である。

阿部司令官以下艦隊首脳を収容している「雪風」は、秘術を尽くして爆弾をよけ続けた。爆弾除けは日本駆逐艦の得意の芸となり、ある駆逐艦長なぞは、それをスポーツを楽しむよ時の「雪風」の菅間艦長も、その芸は一流であった。

至近弾は、うに待っていたが、四時半ごろに、至近弾を一発喰った。正確には準至近弾とでもいうか。この準至近弾は、に命中弾よりも恐ろしい損害をあたえる。その衝撃が内臓におよぶからである。この準至近弾で「雪風」は二つの損害を記録した。一つは、破片が水雷長大尉白戸敏造の頭部を傷つけたこと、他の一つは、主汽罐に亀裂を生じたことであった。もしこれが一メートル近かったら、「雪風」が沈んでいたことはほぼ確実であった。

（注）水雷長にはただちに通信士斎藤一好が代わり（白戸は入院快癒）、汽罐の方は、おそるおそる動かして事なきを得、さっそく呉工廠に帰って応急の鋼の鉢巻をほどこし、そのまま戦争を戦いとおした。いま台湾にいる「雪風」もその鉢巻のままであろう。

五時を少し過ぎたころ、艦上機をくわえた大編隊が襲って来た。両面からの攻撃で身をかわすいとまもないと思われたが、なんたる幸運か、おりしも物凄いスコールが黒幕を張ったように襲って来たので、「雪風」は全速でその中に飛び込んだ。しかし、敵機は勇敢にもその密雲の中にまで突っ込んで来た。止めを刺すべき最後の機会と思ったのであろう。その中の一機は、落雷のような音をたてて、「雪風」の艦橋の横をかすめて海中に墜ちて行った。米軍のパイロット中には、こうした猛者《もさ》が少なくなく、わが軍のそれと好敵手であることを思わせたが、それにしてもその爆撃機が何十分の一秒か早く落ちたら、ちょうど「雪風」の甲板中央に炸裂していたはずである。

このときまでなお「比叡」の艦橋にいた優秀艦長西田正雄（海兵恩賜卒）は、キングストン弁を開いて自沈にかかり、頑として一人艦に残ると言って動かなかったが、阿部の命令と幕僚一同の熱説とにより、涙に濡れた顔を「雪風」に移した。太陽はすでにガ島の山影に沈んで夕暗が濃くなっていた。

かくて日本が最初に建造したド級戦艦は、太平洋戦争における犠牲戦艦の第一号となり、海軍首脳の間に感傷の話題となった。阿部司令官と西田艦長は、共に有為の将であったが、「比叡」喪失の責を負って、間もなく現役から去らざるを得なかった。将来の大将を約束されていた西田正雄はとくに惜しかった。「比叡」の悲劇を最後まで見護った「雪風」は、孤影呉軍港に戻り、応急修理をすませて、ふたたびソロモンの戦場に帰った。このとき以来、「『雪風』には沈まない神様が鎮座する」という縁起が、いよいよ深く乗組員の胸に宿るようになった。

6　一万余名が無事撤退

有史未曾有のガ島作戦

ガダルカナル行の「東京急行」の最大貨物列車、輸送船団十一隻が、十一月十四日、十五日、敵空軍のために一隻のこらず撃沈破されてしまってから、ガ島への補給は前述した「鼠輸送」、つまり、駆逐艦が糧食づめのドラム罐を満載して、夜間急送する方法を採るしかなくなった（潜水艦も魚雷の代わりに糧食を積んで運送用に動員された）。

この鼠輸送に、「雪風」ももちろん参加したが、つねに、何事もなかった顔をして悠々と基地に帰って来た。ラバウルや、ショートランドにいた同僚は、「貴様は何という悪運の強い奴だッ」と笑いかけるのが、挨拶《あいさつ》の通り言葉となっていた。そのころ、駆逐艦は「消耗品」と定義され、艦上機のつぎにランクされる有様であった。げんに「雪風」の艦長（当時菅間中佐）と同期の駆逐艦長が十名も戦没していたのだから、「悪運の強い奴」という挨拶も決して不可解のものではなかった。（注、戦時中、駆逐艦は百七十四隻が参戦して百三十三隻が撃沈され、十四隻が大破した）

どこへ行っても「雪風」は不思議に帰って来るので、司令部でもつねに安心して派遣する習慣がついたようだ。たとえば、カビエンに大至急飛行場をつくるというのでセメントが急用になった。「雪風」と「初風」の二隻が輸送に当たったが、「初風」は港内の珊瑚礁に乗り上げたのに、「雪風」は隣りを走っていてぶじ息災といった具合である。水はガラスのように透明で、海底二十メートルの小石が見えるような港内であるから、座礁は運転の巧拙が原因ではなくて、もっぱら「運」の問題に帰するであろう。

「雪風」が有名なるガ島撤退戦に参加したことは言うまでもない。この撤退戦は、敵の総司令官ニミッツ元帥が“Magnificent Performance”――「天晴《あっぱ》れなお手並み！」――と激賞し、モリソン戦史が「有史未曾有のみごとなる撤退戦」と書いている成功の記録であって、要は約二十隻の駆逐艦が、十八年一月三十一日から二月七日の間に、三回にわたって、一万三千余名の陸軍を、ガ島の地獄から連れ帰った作戦であった。

第一回は五千四百余名を運び去り、第二回は二月四日に約五千名を連れ戻した。残る二千六百余名を残らず撤退させる第三回作戦は、果たして前回のように運べるかどうかはなはだ疑わしい。この作戦決定時、大本営では半分が途中海没することを予想し、また、山本長官も駆逐艦を半分は失うものと覚悟して、司令官を二名（橋本、小柳の両少将）任用したほどであったが、作戦は意想外の成功裡に進み、わずかに二隻の中小破（間もなく復旧して参戦）を受けたのみで、すでに一万余名を無事故で撤退させる離れ業を演じた。が、第三回戦は、そうは問屋が卸すまい。敵は強敵、捜索の名手。一万三千が戦っていた戦場から一万が消え去って、戦況が異状を呈しないわけはない。また米軍がそれを見破らないはずはあるまい。籤運《くじうん》悪く後に残った二千六百三十九名（そのうちの七百名は、攻勢陽動作戦のために、一月二十二日に上陸した矢野大隊）は、撤退はなはだ見込み薄ではないか。

果然、ブインの作戦司令部では、作戦変更の議が燃え上がった。すなわち駆逐艦による前二回の方式を改め、舟艇機動（発動機船による）で島伝いに退いて来るという常識論が擡頭《たいとう》したわけだ。連合艦隊はすでに駆逐艦の喪失激減に悩んでいた当時だから、一万名を連れ帰った後にさらに大冒険をつづけるのは避けるべきだという議論だ。一応もっともな説であるが、陸軍の側から見れば、残兵二千六百もぜひ同一の駆逐艦輸送で救い出してもらいたい。舟艇機動という確率稀少なる方法では残軍に申し訳がないというので、田辺参謀次長（東京から出張中）、第十七軍の宮崎参謀長、小沼副長らは、海軍の作戦会議場に臨席して縷々《るる》として訴えるところがあった。

そのとき、「それは従来どおり駆逐艦でやるのが当たりまえだ」と発言したのは「雪風」

や「浜風」の艦長であった。どちらがさきか判然としないが、とにかく駆逐艦を躊躇したのは司令部の参謀であって、臨席の艦長は、満場一致で出動を要望したのであった。「雪風」の代表者は、自分は不沈を確信しているがゆえに発言した、という利己的動機はもちろんなかったが、それを真っ先に主張したのは、武運最強者の自然に動いた昏かも知れない。

7　ダンピールの悲劇

「雪風」ひとり救済の任を果たす

半歳にわたったガダルカナルの血戦が終わると、戦場はすぐに群島（ソロモン）の島づたいに北方に移り、わが軍はその主要なる島々に拠って敵のラバウル奪回戦を防ぐべく戦いつづけた。一ヵ年におよぶ有名なるソロモン消耗戦（日本はその戦いで飛行機を七千九十六機も失った）がそれであったが、その北進軍ハルゼー兵団と並行して、ニューギニアを北上するマックアーサー軍の勢いも端倪《たんげい》すべからざるものがあった。

十七年十一月、日本は大将今村均を司令官とする第八方面軍を新設し、その下に百武中将の第十七軍と、安達中将の第十八軍をおき、前者をもってソロモンを、後者をもってニューギニアを守ることに決した。今村が着任したときは、ガ島の形勢すでに傾き、また、ニューギニアにおいても、新設軍の派兵が間に合わない情勢に面していた。

ポートモレスビー戦はすでに敗れ、十八年の初頭には、ニューギニア南方の要衝ブナも陥り、わが軍は中央部のラエ方面に退却しつつあった。このラエを中心とするサラモア、フィンシハーフェンの線において、敵を喰い止めなければ、わが南方前線の根拠地（ラバウル以下）は累卵の危うきに瀕する。そこで十八年二月、安達中将の第十八軍は、いそぎニューギニアに渡り、そこでマックアーサー軍を制圧することになった。第二十師は朝鮮から、第四十一師は北支から転進、一月から二月にかけて、それぞれ中部ニューギニアのウェワクに上陸したが、ラエ地区の危機を救うには遠きに失したので、この急場は、ラバウルに集結ずみの第五十一師を送って処理するしかなかった。

その第五十一師（中野英光中将）は、精鋭七千と二千五百トンの弾薬糧秣《りょうまつ》を八隻の輸送船に託し、駆逐艦八隻、飛行機二百にまもられて、三月一日の午前零時半にラバウルを出航した。しかし、魔の海ダンピール海峡を航破する前後に（二日、三日朝）、米空軍の大空襲を喫し、輸送船団全部を撃沈された上に、護衛駆逐艦三隻が轟沈、二隻が大破という潰滅《かいめつ》の悲運に会った。

歴史に残る「ダンピールの悲劇」がそれで、将兵三千六百六十四名が溺死《できし》、二千四百二十七名が裸でラバウルに帰るという惨害で、ニューギニア作戦はその出鼻を挫《くじ》かれることになった。司令官安達二十三《はたぞう》中将と参謀長吉原矩《かね》少将は、駆逐艦「時津風」に乗っていて撃沈され、海中から拾い上げられてからくもラバウルにもどった。「時津風」は一流の駆逐艦で、ガダルカナルの諸海戦にことごとく参加して生き残った好運艦の一つであったが、ついに魔のダンピール海峡を越すことができなかった。

ひとり平然とこれを横切り、ふたたびもどって戦場救済の任を果たしたのが「雪風」であった。船団は二日の朝から敵機に襲われて、先頭の旭盛丸が爆沈された。「雪風」はその側にいたので、ただちに乗り組み将兵の救助に当たり、僚艦「朝雲」と共に全員を拾い上げ、そのまま海峡を横断して(朝鮮海峡より少し広い)ラエに到着し、そこで坐乗の第五十一師団長中野中将以下幹部三十名と、海中から救い上げた約一個大隊とを下ろし(三日午前三時)、休む間もなく踵《きびす》を返し、他の船団護衛艦に追いつくべくダンピール海峡に急航した。

ところが驚くべし、そこはすでに米空軍新案の反跳爆撃の戦場と化していた。すなわちスキップ・ボンビング――爆弾を超低空から落とし、海面でそれが跳ね返って艦船の横腹を撃つ方法――により、わが七隻の輸送船がことごとく燃え上がっている修羅場であった。「雪風」はただちにその戦場に突進し、僚艦「時津風」に乗っていた軍首脳を海中から拾い上げる手柄を樹て、また、甲板一杯に溺兵を積んで戦場を去った。かくて、「第八十一号作戦」と呼称した必死の輸送作戦は完敗に終わったが、「雪風」はまたも、「悪運の強い奴だ」と囃《はや》されながら、ぶじにラバウルの泊地に帰り着いたのであった。

出航の前夜、ラバウルの本営において、にぎやかな送別の宴が張られ、陸海の幕僚と、出陣陸軍の幹部とが必勝を前祝いして痛飲した。その席で「雪風」の幹部は、乗り組みを割当てられた第五十一師団長以下司令部員一同と肩を組み、「この『雪風』という艦は、どんな激戦場へ行っても決して沈まないことに決まっていますから、宿酔《ふつかよい》なぞは心配せんで飲んで下さい」と煽《あお》り立てて飲み回った。謹厳そのものの中将中野英光も、「雪風」の戦歴を聞いて大いに安んじ、珍しく頰を染めて部下と共に必勝を叫び合った。中野以下師団司令部員は、ダンピール海峡の入口で眼の前に旭盛丸の轟沈を見たが、前日の「雪風」幹部の保証を回想しつつ、ぶじ目的地のラエに上陸した。中野が有名なサラワケットの大山系を踏破し、難戦を重ねてぶじ帰還、今日なお健在なのは、「雪風」の武運がその糸を曳いているのかも知れない。

8 「雪風」に電探第一号

不沈のゆえに選ばる

ガダルカナル島はついに奪われたが、本拠ラバウル（ニューブリテン島）までの間には、わが四国に匹敵するくらいの島が幾つもつらなっている。そのソロモン群島（南北七百マイル）の攻防に、日米両軍は一ヵ年にわたって幾万の血汐《ちしお》を流したのであった。ガ島のつぎにニュージョージア島が米軍の手に落ちたのが十八年六月であり、翌七月にはとなりのコロンバンガラ島が両軍の争奪戦場となっていた。そのころは、わが陸兵と軍需品の輸送はことごとく駆逐艦に依存し、陸海空三面の戦闘が連日のようにつづいていた。

七月十二日夜、日本は第何回目かの決死輸送を駆逐艦四隻をもって行ない、それを護衛して第二水雷戦隊（伊崎少将）が出撃した。旗艦軽巡「神通」の下に、駆逐艦「雪風」「三日月」「浜風」「清波」「夕暮」が戦隊を組み、全速力でコロンバンガラ島に近寄りつつあった。その日本艦隊を迎撃するために、アメリカは巡洋艦三隻、駆逐艦十隻からなる第十八作戦部隊（エーンスウォース少将）を送った。この戦隊は十三隻の単縦陣を組んで北東に進んでいた。

十三日午前一時、敵は一万メートルにおいて日本艦隊を確認し、ただちに砲門を開いた。まずすみやかに発見し、日本の「魚雷圏」の外から猛射して第一次会戦を終わり、そこで展開してあくまで魚雷圏の外で戦う、というのが、アメリカの対日戦術となっていた。彼は日本の魚雷を最大の苦手とし、その有効距離を五千メートルと見つもり（じつは三万メートル以上有効）、自分は大砲の最有効距離一万メートルで戦うことを建前としていた。

十七年十一月末、アメリカの巡洋艦部隊が、日本の駆逐艦部隊に撃破されるという国恥的海戦を経験して以後は、日本の魚雷を警戒することいよいよ深刻となり、日本が敵の「空襲圏」を回避するのと同様に、敵は日本の「魚雷圏」を回避したのである。そうして、「魚雷圏外の砲戦」を原則とする理由は、米艦がレーダーを備え、日本艦はそれを備えていないから、暗夜の敵影発見は、つねに米艦の側にある、という自信の上にあった。

事実、昭和十七年から十八年五月ごろまでは、レーダーの有無が、夜戦の能率においていちじるしくアメリカを利益したことは言うまでもなかった。もちろん、運用技術の巧拙により、また海岸山岳の関係等により、レーダーも理論ほどの効果を奏しなかったこともあるまたその反対に、日本の見張員の夜間透視力がレーダーに劣らぬ効能を発揮したこともあるが、昭和十八年を迎えるころには、レーダーによる発見距離は最低二万メートル、肉眼による距離は最高一万といった倍差を確認され、さらにレーダーが敵影を捉えて同時に砲を照準するレーダー射撃が確実となってからは、米艦隊の機械的優位はいよいよ争われないものとなった。

このコロンバンガラ戦においては、敵のレーダーは理論どおりには作用しなかったが、それでも、一万メートルにおいて日本艦隊を砲撃する常法には狂いがなかった。

ところが、ここに「雪風」との関連において見遁《みのが》すことのできない興味ある科学戦の展開があった。「雪風」が、はじめてこの一戦において、「逆探」を活用したことこれである。アンチ・レーダーと呼ばれたこの「逆探」は、日本海軍が敵のレーダーになやみ抜いたすえに発明された新兵器の一つで、要は、電探を使用している敵の存在を遠距離に偵知するのである。

敵影はむろん見えない。が、電探の電波を出している物体が遠方に存在することをスクリーンの上に発見するのだ。それは普通の電波と識別することが可能で、勘のよい通信士は、十万メートル以上の遠方に、レーダーを使用中の敵がいることを探知するのである。

その「逆探」を十八年四月、はじめてそなえつけた軍艦が「雪風」であったことは、声を大にして叫びたい「雪風」戦歴中の一大事と称しなければならない。ついでながら書いておくが、「第一三号レーダー」を日本で真っ先に装備したのもまた「雪風」であった。第一三号電探は「対空用」のレーダーであるが、ついで「第二三号」の符号を持った「射撃用レーダー」もまた、第一番に「雪風」の艦橋に据えつけられたのだ。いな、それだけではない。ドイツの潜水艦で運んで来た「三式探信儀」、すなわち水中探信用のソナーもまず、第一着に「雪風」にそなえつけられたのである。

このように、科学的新装備が、その全部を挙げてまず「雪風」に装備されたのは、「雪風」が「沈まない軍艦である」という実績が、海軍首脳部の間に、雨水が大地に浸み込むように、自然に、かつ深く浸み込んでいた結果としか思われないのである。

9　魚雷射距離は一万以内

ガダルカナル海戦の悲惨な教訓

海は凪《な》いで湖水のようにしずかであった。月は明るく西の上空にあり、コロンバンガラ島の山々が遠く朧《おぼ》ろに見えていた。

駆逐艦「三日月」を先導に旗艦「神通」がつづき、その一千メートル後方に、「雪風」を旗艦とする第十六駆逐隊の四隻が走っていた。そうして各艦の将兵は、「モウ敵が見える時分だ」と、眼を皿のようにして南方を凝視していた。「雪風」がはじめて使用した日本製の「逆探」が、敵のレーダー用電波を三十分も前にとらえていたからである。日本最初の「雪風」の逆探が、果たして正確に作動し、通信士の識別能力が果たして錯誤なく行なわれているかいなかは、アト三十分もすれば明らかになるであろう。

何分にもはじめての仕事である。機械は精巧なのか。人は間違いないのか。

人も機械も間違っていなかった。十三日午前零時五十五分、敵の一大艦隊は果たして南方の水平線上に姿を現わしたのであった。調べてみると、人は日本海軍中で有数の名通信士であった。その経験と勘の鋭さのゆえに、逆探第一号の操作を託されたと言っていいほどの男であり、この一戦後、中将小沢治三郎の求めにより、空母「瑞鶴」の逆探操作の師範に赴いたほどであった。「雪風」にはこんな通信士が乗っていたのである。

月の明かりも残っていたので、わが艦隊は約一万メートルの彼方に敵を視認した。ほとんど同時といってよかったが、先に撃ち出したのは米艦の方であった。それは前述した敵の戦法によるもので、魚雷圏外で早く砲戦によって大勢を決しようとするのであった。

が、日本の方はぎゃくに魚雷圏に突進して戦う原則であるから、敵が撃ち出したのに即応して立ち上がる必要はなかった。しかし、敵の砲撃は天晴れと褒《ほ》めていいほど集中的であった。

米国の記録によれば、旗艦ホノルルは六インチ砲を一千百十発、セント・ルイスは一千三百六十発、リーンダーは百六十発、すなわち、合計二千六百三十発という多量の砲弾を速射したが、その大部分は、第一合戦の二十分以内に発射されたものであった。そのため、旗艦「神通」は蜂の巣のように射貫かれて一時十五分ごろ早くも沈没し、伊崎司令官以下ほとんど全員が戦死した。

その一千メートル後方にあった「雪風」に、破片の一つも当たらなかったのは、彼女の持ち前の好運によるのか、敵の射撃の正確なのによるのか、「雪風」の将兵は、敵弾のことなぞ毫末《ごうまつ》も念頭にはなく、雷撃の命令をいまや遅しと発射管を睨んでいた。

伊崎司令官が戦死したので、大佐島居《しまずい》威美が指揮をとるようになった。島居（「しまずい」とは呼びにくいので民間に下った現在は「しまい」と通称している）は根っからの水雷屋。発射よりもまず接敵に全神経を集めていた。

島居司令は、魚雷のもっとも高い確率を三千メートル以内と計算していた。もちろん、わが九三式酸素魚雷は、五十ノットの速力で二万メートルもとどくし、したがって、一万メートル以内にせまれば相当の命中効果を挙げることに異論はなかった。ただ、敵艦の進路や速力の誤差による失効は警戒しなければならない。魚雷の数は十六本しか持っていない。まず八本を斉射した後は、艦は反転して二本目の魚雷を装塡し、向きなおって第二次攻撃を加えるのであるが、それで駆逐艦の魚雷力は終焉《しゅうえん》を告げるのだ。くれぐれも慎重確実に狙わねばならない。

六月のサンタ・イサベル沖海戦で、日本の駆逐艦は、次発装塡のために約一時間を要したことがアメリカの戦史に書いてある（米国の駆逐艦は次発装塡力を持たない）。かりにそのとおりとしたら、せっかくの予備魚雷も用をなさない場合が多いであろう。

若い日本の水雷屋は、酸素魚雷の威力に魅せられ、遠距離から早期に発射して、せっかくの宝刀を無用に終わらしめる傾向があった。十七年十一月三十日のタサファロンガ戦では、田中頼三の駆逐戦隊は五千メートル以内に突進して大戦果を挙げたが、十一月十五日のガダルカナル海戦では、わが前衛駆逐隊は、敵戦艦サウス・ダコタを焦って遠方から雷撃したため、三十四本の魚雷が一発も当たらなかったという悲惨なる戦史がある。

これは極端な例だが、力に頼りやすい人の陥る傾向として、厳に戒めねばならぬ戦訓であった。

10 「雪風」必殺の魚雷戦

軽巡リーンダー号を大破

老練の司令島居は、あくまでも敵の針路、速力を確認する近距離にせまって、八発八中の魚雷戦を演出しようと突進した。島居は「雪風」の艦長菅間中佐をかえりみて、射点の距離を相談した。菅間も歴戦の水雷屋。

「四千以内に進みましょう」と、戦隊速力を三十ノットに上げて猛進した。

距離は見る見るちぢまって六千メートルを割ると、艦内はにわかに騒然として来た。「魚雷はまだですか」「撃たしてください」という声が叫びとなって、艦内に奔って来たのである。その音頭をとるごとく、水雷長大尉斎藤一好は、島居司令の胸許に歩み寄り、迫るがごとくに「撃たしてください」を連発した。形相必死である。距離もモウ五千に近い。敵の方向測定もほぼ狂いはなさそうだ。島居は菅間に目くばせして発射開始の合図をした。

斎藤水雷長は、「雪風」に乗ってガダルカナル島周辺の海戦に参加していたが、まだ一度も魚雷を撃っていなかった。船団の護衛、ドラム罐輸送、陸兵の運搬といった戦務に明け暮れ、そうして戦闘の相手はもっぱら敵の空軍であった。たまたま十月中旬（十七年）のガダルカナル海戦で敵艦隊と激闘したが、舷々相摩す近接戦のゆえに水雷を打つ機会もなしに終わった。斎藤は、水雷が打ちたくてたまらぬという青年将校の闘志に駆り立てられていた。

魚雷の威力を試したいという闘魂は、ひとり斎藤に燃えていたのではない。水雷部門の乗員を挙げての熱願であり、また、「雪風」の全員の願望でもあった。そうしてまた、「雪風」の水雷部員には、それを要求する当然の権利とも言うべきものが備わっていた。それは「雪風」の水雷部員が、日本の駆逐艦の中で、一番ヨク「水雷の手入れ」をしていたという輝かしい事実を語るものである。

「雪風」の水雷部員は、戦闘がある日でもない日でも、毎朝、丹念に魚雷を検査し、ジャイロの調整をはじめ一切の手入れを一年中怠る日はなかった。三日に一度でも十分と思われる検査を、彼らは毎朝克明に行なって倦まなかった。彼らはわが児を愛するように魚雷を愛した。愛撫という言葉が適当であるように大切に磨いて備えていた。

これは、他の艦から「雪風」に移って来た司令や艦長や水雷長が、例外なく、異口同音に感嘆措《お》く能わずといった毎朝の光景であった。これらの上官たちは、他の駆逐艦における水雷の手入れが不十分だとは少しも考えてはいなかったが、「雪風」に乗ってみて、その真剣なる監理に頭が下がったというのである。それは初代艦長中佐脇田喜一郎のしつけがこの良風を成したのであって（彼は模範的な家長であった）、とにかく、「雪風」の魚雷には「磨き」がかかっており、その部員たちが、いつの日か、その狂いなき一発をもって敵を仕止めてやろうと、千秋の思いで待っていたことは想像にかたくない。

七月十三日午前一時二十分、そのときがきた。八本の魚雷は、距離四千八百メートルにおいて「雪風」の発射管を辞して行った。

三百六十五日、丹精をこめて整調を怠らなかった九三式酸素魚雷は、航跡を止めず、深度整々、五十余ノットの快速力をもって、敵艦隊の中央部めがけて驀進《ばくしん》した。天は「雪風」の魚雷に必殺の命中率をあたえるであろう。

果然、大きい二本の水柱が、敵の単縦陣の中央部に高く上騰し、火焰の閃くのが見え、そうして爆音が伝わって来た。「雪風」の艦上は、万歳の声が耳をつんざくばかりであった。

魚雷を受けたのは、軽巡リーンダー号であった。七千三百トン、六インチ砲八門、三十二ノットのニュージーランドの巡洋艦である。豪州の大巡キャンベラ号がサボ島海戦で沈められた後、英国側から供出されたニュージーランドの虎の子の軍艦であった。司令官エーンスウォースは、万難を冒してリーンダー号を救助曳航すべきを命じ、駆逐艦オバノンとテーラーの二隻が救助に専念し、どうやら沈没をまぬかれて戦場を離れた。そうして後にボストンの修理工廠に曳航した。

修理工廠では、大切な第一艦として貴賓扱いに修理に当たったが、損害はいかにも酷く、機関は全部取り換えたが、主要部の随所に亀裂があり、ようやく作戦可能となったのは、昭和十九年の秋であった。これでは撃沈されたのと五十歩百歩である。

11　敵弾、「雪風」に追尾す

勝負は二対一で勝った

何本かの水柱を遠望して万歳を三唱した「雪風」の戦隊は、第二次攻撃を行なうために定石通りの転回を実施した。敵弾を避けて、魚雷の次発装塡を行なうのである。

ところが敵もさる者、わが転回に追尾して猛砲撃を加えて来た。その砲撃は先導艦「雪風」を狙ったものだが、それは敵ながら天晴れと褒めるだけの発射速度と正確さとを示し、「雪風」は、アト一メートルのところで撃沈されそうな航進を三十分間も継続した。

「雪風」の驚くべき武運がそこにあった。二番艦「浜風」の艦長は、艦橋から敵の弾道を見つめて、こんどはいよいよ駄目か、と胆を冷やしながら、「雪風」の航跡と着弾点とを凝視した。「雪風」は、戦隊速力を三十二ノットに上げて東北方に走っていた。その「雪風」の艦尾のところに、敵弾はつづけざまに落下して水煙を揚げ、その着弾と水煙とが、いつまで行っても不変の個所で繰り返されていたのだ。

　敵砲は巡洋艦ホノルルの五インチ砲で、レーダー射撃によるものであった。時しも、南西の風が吹き起こっていたので、その影響が砲弾の射程を百分の一ほど狂わしたものであろうか。とにかく「雪風」は今度は当たるかと覚悟しながら走ってついに当たらず、翌朝になって見ると、五インチ砲弾の破片が艦尾甲板に乗っていたというのは、どこまで運のよい艦であろうか。

　艦長菅間良吉は、撃たれたらそれまでと覚悟しつつ、魚雷の次発装塡を急いだ。それができ上がるころには、敵艦隊の横腹を狙う位置に自分を運んでおかねばならない。

　予備魚雷が甲板上にならべられていた場合には、次発装塡は五分以内でできる。が、それが艦内の格納庫に保管されている場合には、持ち運んで八本の装塡を完了するのに二十分は必要であろう。菅間艦長は、そのときの装塡に三十分前後を要したと記憶しているが、水雷部員の正確なる計算はこれを十八分で遂げている。それはあえて論争するほどのことではないが、「雪風」が次発装塡を終わってふたたび踵をかえし、敵に向かって発射の体勢に入ったのは、午前一時五十分であったから、第一次攻撃から三十分の後に再攻の姿勢をとったわけだ。

そうして今度は射程四千五百メートルであり、さきの第一次攻撃時よりもさらに接敵して必中を期したのであった。狙い過《あやま》たず、朧ろ月を背にした敵の中心部隊から数本の大水柱が昇騰するのを認めた。魚雷を全部撃ち終わった「雪風」隊は、凱歌を奏しながらただちに反転して帰路についた。

凱旋は間違いなかった。旗艦ホノルルは魚雷二発を喫して艦首を剥ぎとられ、速力は十二ノットに落ちて蹌踉《そうろう》としてツラギに退陣し、そこから真珠湾に護送されて修理に九十余日を必要としたのである。

旗艦ホノルルだけではない。二番艦セント・ルイスも二発を喫して汽罐を破られ、それに中央水線下の浸水ははなはだしくしてほとんど行動力を失い、曳航されてツラギ港へと落ち延びることになった。そうして応急修理の後に、本国のメーア・アイランド海軍工廠に曳かれて本格的修理を行ない、ふたたび海上に現われたのは、十一月初旬であるから、百日以上作戦外に封じられたのだ。

これよりさき、軽巡リーンダーは第一次攻撃において大破しているのだから、エーンスウォース艦隊の巡洋艦主力は、三隻ともことごとく戦列外に撃退されてしまったわけだ。同艦隊は普通の編成と異なり、十隻という多数の駆逐艦を帯同していたが、それらは、いかにも主力三艦を救助曳航するためにあらかじめ用意されていたかの観を呈した。しかも、その中の一隻グイン号は、残酷にも魚雷二発を一挙にこうむって轟沈し、将兵のほとんど全部が戦死している。

これをもって観れば、この一戦で、日本は巡洋艦一隻（「神通」）を失ったのに対し、アメリカ側は、巡洋艦三隻が大破し、駆逐艦一隻が沈んでいるのだから、勝負は二対一ぐらいの差で日本の勝ちとみてよかろう。

同時に日本は戦略目的を達成している。すなわち、駆逐艦「皐月《さつき》」「水無月《みなづき》」「夕凪《ゆうなぎ》」「松風」の四隻に分乗した一千二百余名の陸軍部隊を、コロンバンガラの飛行場に無事に運んだのであるから、文句を言うところはなかった。

第九章　不眠不休の大活躍

1　危うく沈没するところ

「一斉回頭」で命を拾う

中部ソロモンの争奪戦は進行中であった。十八年六月から十月にかけて、チョイセル、コロンバンガラ、ベラベラの各島に、上陸戦と逆上陸戦が反復され、同時に海軍も空軍も休む暇なく戦いつづけた。

敵の上陸軍は豪州兵が中心で、米国の海兵師団に劣らない剛強さをしめしていた。そのうえ陸兵団を海上に葬るべく、七月二十日、少将西村祥治を司令官とする第八戦隊の大巡「鈴谷」「摩耶」は、軽巡「天龍」と駆逐艦四隻を随えてチョイセル島の西水道に進出した。

駆逐戦隊は「雪風」をリーダーとする「浜風」「夕暮」「清波」の四隻であった。これらは、一週間前に敵のエーンスウォース艦隊を撃破した意気衝天の一団であった。今度も「雪風」の「逆探」によって敵を早期に発見し、コロンバンガラ戦の二の舞いを喰らわせてやろうという含みだ。西村艦隊は八インチ砲十六門を持っていたけれども、近時の諸経験により勝負はもっぱら魚雷によって決定する方針の下に南進した。序列は図のとおりであった。

「見張りの神様」といわれていた西村少将（後に中将、レイテ海戦スリガオ海峡突破で戦死）は、旗艦「鈴谷」の艦橋に立って南方海上をにらんでいた。わが海軍の世界的に定評された見張員は、暗夜八千メートルで敵影を発見することを既述しておいたが、西村はそのいかなる見張員にも負けなかった。将官がコンテストに参加するわけにはゆかなかったが、コンテストで優勝した見張員が、最後に西村と私的競争をやると、例外なく西村の勝ちとなった。見張員たちは、お世辞抜きで神様の称号を西村に献じていた。彼は優に一万メートルを透視した。一万メートルで敵を発見し、威嚇魚雷を放って方向を転じさせ、その間三千メートルまで肉薄して必殺の魚雷を撃つべし、というのが西村の持論であった。西村は、七月二十日の夜戦で、この必殺戦法を実演しようとしていたのだ。

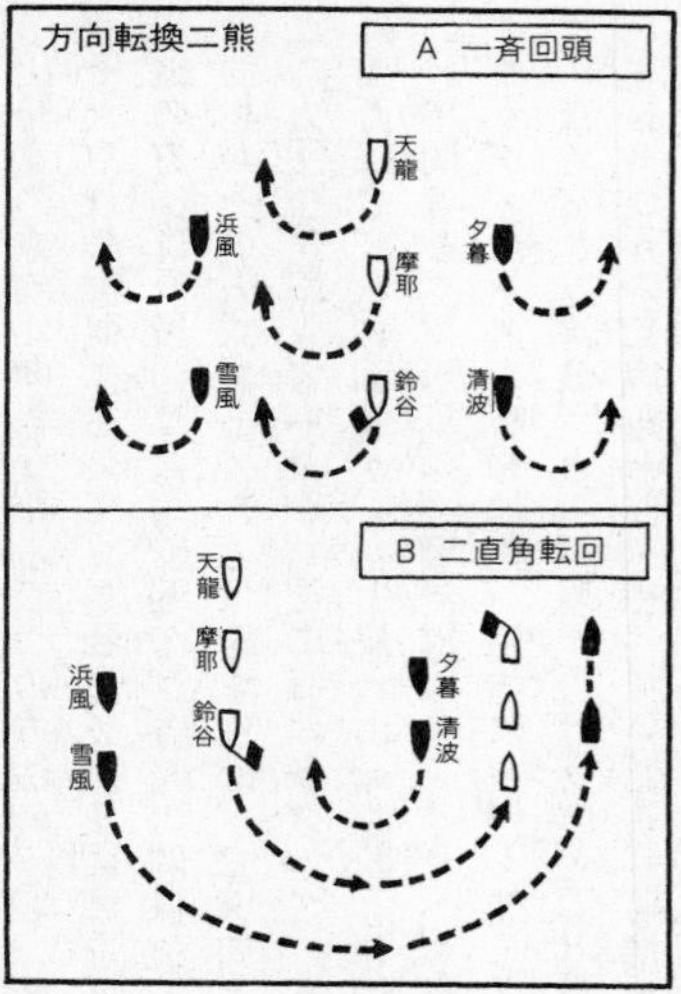

ところが、敵影はついに一万メートルの視界にはいって来ない。のみならず、「雪風」の逆探盤にも敵の電波は映じて来ない。今夜は敵は来ないのだ。時計は早くも午前二時五十分を指していた。早く引き揚げねばならない。そこで西村艦隊は、A図のような方向転換法を行なった。

出発点の方向に向きなおる二つの方法のうち、上はいわゆる「一斉回頭」の方式だ。各艦がそれぞれの位置において、単独に二直角に頭を回らすのである。

他の方法は一般の二直角転回で、各艦の関係位置をそのままに後ろ向きになるのだ。かりに西村がその方式をとったと仮定すれば、B図のような方向転換の形となる。西村は従来はこの方法を常用していたが、この日にかぎって、各艦の一斉回頭による転回を実施した。意外千万にも、この回頭が、「雪風」の命を拾う原因となったのである。というのは転回を終わって間もなく、米軍の爆撃機編隊が、イサベル島の山裾から飛鳥のように襲来して得意のスキップ・ボンビングを加え、艦隊の右側を航していた二隻の駆逐艦を真っ二つに割ってしまったのだ。「清波」と「夕暮」とは文字どおり轟沈の運命に陥った。

もしふつうの二直角転回をやっていたら、「清波」と「夕暮」の位置に、「雪風」と「浜風」がいて沈められていたはずだ。それが一斉回頭のために、「雪風」は「鈴谷」の左側に占位することになって爆弾を除けてしまったというのは、「運がよい」という以外に説明の言葉はないであろう。

2 船団護衛の有力艦

対空火器も二倍増

一ヵ年半にわたり、ガ島をはじめソロモン諸島、ニューギニアの海に展開された幾十回の戦闘に、さすがの「雪風」も疲れた。武器の整備は緊急の要となった。よって、昭和十八年八月、「雪風」はトラックの基地にもどって一応の整備を終え、九月に所属軍港呉に回航された。

当然に慰労休暇の幾日かがあってしかるべきだが、戦争中はそれも許されない。まして駆逐艦が不足してこまっているときだ。彼らは年中昼夜の別なく働いていなければならない。「雪風」は呉に帰航して対空機銃を従前の二倍に増設した。そのころの日本の駆逐艦は対空火力に乏しかった。魚雷と主砲とは断然米英を抜いていたが、対空砲力は劣っていた。陽炎型を設計した当時においては、駆逐艦がこのように劇しく飛行機と戦うことは夢想もしなかったからだ。後に「雪風」は、重機銃を二十四門も積み込んだので、その重量と面積とのために、主砲塔を一基だけ除去したほどであった。

そのころ(十八年)、敵機が日本の船団をおそって来る場合、彼らは護衛中のわが駆逐艦を見て、「ジャップは対空砲を持っておらんぞ」と、僚機に生の英語で話しかけているのが聞こえて来る。対空砲力が乏しいので、米機は安心して低空に飛来し、あたかも馬鹿にしたような態度で爆弾を落として行くのが常であった。日本の軍艦が重機銃を倍増三倍増したのはその後のことであって、「雪風」も真っ先にそれを呉軍港で装備したのであった。

対空装備を強化した「雪風」は、十月十一日、空母「鳳翔」を護衛してシンガポールに向かった。そのころから、重要物資の運搬に空母を転用することがはじまり、南支那海に出没する敵機と敵潜を警戒するための有力護衛艦として「雪風」が利用されたわけだ。

航海中に、「雪風」は敵潜水艦らしきものを二回視認して追跡したが、別状なく終わり、帰途もまた、マンガン、ニッケル、ゴムを満載した空母を護って、ぶじに日本にもどって来た。第三次ソロモン海戦（十七年十一月十三日）で至近弾のためにこうむったボイラーの小亀裂と汽罐床のゆがみとは、完全に修理されていることが今回の航海でも立証され、進航中に試みた三十五ノット半の高速試験もぶじにすまされた。矢でも鉄砲でも持って来いッ、というのが「雪風」乗員たちの甲板上の鬪声であった。

十一月中旬、「雪風」は、また船団護衛の旗艦としてトラックに出動した。トラックに着いた「雪風」は、約一ヵ月にわたり、同島外海の警備に任じていたが、十二月五日、おりから入港する船団を誘導すべく出陣中、トラック南水道の南方約十マイル付近で敵の潜水艦と真っ向から渡り合った。

「雪風」が爆雷を投下した海面におびただしい多量の油が浮き上がった。これは紛れもなく敵潜水艦を撃沈した証左である。慎重な司令島居大佐は、艦長菅間中佐をかえりみて「やったらしいナ」と問いかけると、おなじく慎重派の菅間は、「確実です」と断じてこれを司令部に報告した。「雪風」が爆雷で敵潜を射止めた第二回目である（第一回はスラバヤでオランダの潜水艦を沈めた）。

爆雷（デプス・チャーン）をもって、海底の潜水艦を果たして完全に撃破し得たかどうかは、視認不可能であって、もっぱら潜水艦の燃料が海上に浮かび上がるのをもって判定するのであるが、この「雪風」の場合は、アメリカ潜水艦の喪失表中の時期と地点を照合して、トラック南水道南方十マイルの海底に、一艦の被雷沈没を確かめてその戦功を賞し得るのである。

さて、「雪風」は、十二月十日、一船団の編成を待って、それを護衛して横須賀に入り、ただちに呉の母港に帰って新年を迎えた。艦そのものも疲れたが、人の疲れもはなはだしかった。とくに艦長は、一年もつとめると、体重が何貫目か減るのが常例とされた。駆逐艦には副長がなく、何事も艦長ただ一人の采配《さいはい》で動くのだ。艦長の下に三名の大尉が、航海長、水雷長、砲術長を分担し、艦長事故の場合には、その先任将校が代理する仕組みである。だから、艦の内外の諸事項は、大小ことごとく一人の艦長の耳に伝えられ、その一人の意思によって裁断される。本当に眠る暇がないというのが、駆逐艦の艦長である。受話器は耳に当てっ放しで、寝巻を着て床にはいるなぞは許されない。ひまを見て、一杯引っかけて仮睡するのがせいぜいだ。これを一年半もつづければ健康自慢の猛者も崩れざるを得ない。初代飛田健二郎は胸部を侵されて入院したが、菅間良吉も終戦後に胸を患った。ともに運よく全快したが、「雪風」のような連戦不休の駆逐艦艦長は、どうして健康を保持し得るか怪しまれるほどであった。

3　またも好運の猛艦長

いよいよ不沈の声高まる

菅間中佐が一年半を勤め上げた後に、十八年十二月、中佐寺内正道が「雪風」の艦長に任命されて乗り込んで来た。菅間の温和なる容貌《ようぼう》にくらべて、寺内は対蹠的《たいしょてき》に凄味《すごみ》を蔵する面構えであった。面構えというよりも、この二十六貫の大男が、寒中額に汗をかきながら、全身これ闘志といったかっこうで、駆逐艦の梯子《はしご》をかろうじて昇降するところに、勇気四隣を圧する姿を見た。

寺内は都内の名物男。酒を飲んではだれにも負けたことがなく、その斗酒流連のゆえをもって大尉を九年も勤めたという常識破りで知られていたが、その出世停頓は昔の話、いまは駆逐艦の猛艦長として、上下にあまねく知られていた。彼はソロモン諸海戦(ガ島周辺の海戦からブナ、ブーゲンビル諸方面)に参加して、つねに勇敢に戦い、その乗艦「電《いなずま》」をして、「雪風」とならんで好運艦のトップを争わせたのであった。

ついでながら、ソロモン戦における日本の好運艦は、「雪風」「電」であったが、アメリカにも、ソロモン戦の二大好運艦と呼ばれるものがあった。軽巡ヘレナと駆逐艦オバノンがそれであったが、戦争の進行とともに沈められ、ひとり「雪風」のみが残ることになった。「電」も翌十九年の連合艦隊南方移動期まで好運に戦い、寺内はその名艦長と謳《うた》われていささか鼻を高くしていたのである。

「電」は「雪風」の前の暁型駆逐艦の一艦で、公試排水量一千九百八十トン、速力三十八ノットという優秀艦であった。ガダルカナル島周辺の諸海戦にもドラム罐輸送にも、「雪風」と同様に参戦して被弾せず、転じて困難なる「ブナ輸送」にも先導艦として活躍して損害を受けなかった。

ブナは、マックアーサー軍とわが南海支隊とが、ニューギニア南端の基地争奪を戦った激戦場で、「電」はそこに武器と兵員の補充輸送を行なっていたのである。

その途中、十七年十二月末、「電」はブナの北方沿岸に陸兵を運び、一安心して日の出を待っていた。着岸したのは午前二時、そこで火を落として（全部ではない）未明まで休むのは戦闘員の常法であった。すると、日の出が近づいたと思う間もなく、爆音高く襲いかかって来たのは、重爆B17の三機であった。まったく不意を衝かれて、「電」は錨を上げる暇もなかった。寺内は瞑目観念して運命を待った。すると、三個の五百キロ爆弾が、艦を挟んで両側十メートルの海面に落ちた。挟まれて、至近弾にならない距離に、その殺傷弾を除けたのも好運艦の一証であった。

その艦長寺内正道が「雪風」に転任して来たとき、水雷長斎藤一好は、「今度もまた運の強いので有名な艦長が乗って来た。『雪風』はいよいよ沈まない艦に決まった」と声高く乗員たちに告げた。

昭和十九年が来た。前年、森田大尉が菅間新艦長を迎えたときと同じであった。太平洋も支那海も荒れていた。内地におけるすべての軍需工場は、正月休みもなしに働き、造船所の鎚音《つちおと》は間断なく響いていたが、生産力は喪失艦船を補充するに足らず、いわゆるジリ貧の様相は掩いがたい姿を数字の上に現わしていた。

南方に兵員と武器弾薬を補充し、南方から石油やゴムや鉄鉱を運んで来る不可欠の船団輸送は命の綱としてつづけられたが、その船舶の質は低下し、遅い速力が航海の安全率を減ずるとともに、それを護衛する艦艇も漸減し、六隻で護って行くべきところを四隻に、四隻を二隻に、という具合に節減を余儀なくされた。が、それでも「雪風」のような歴戦の優秀駆逐艦が護衛して行けば、急造の海防艦（戦争中に百六十八隻をつくった）なぞに護られるよりははるかに気強いというものだ。十九年一月十日、「雪風」は第十七駆逐隊の一艦として、門司からシンガポールへ第一級の船団を送って行った。水上機母艦を改造した空母「千歳」を主力とした一隊であった。

かなり危険度を加えていた南支那海において、敵潜の魚雷を受けて船団中の一部に被害があったが、「雪風」は敵潜の想定海面を疾駆して征圧に大童《おおわらわ》の奮闘を演じ、護衛の役目を果たしてシンガポールに着いた。

帰途は、石油とボーキサイトを積んだ船団を護衛した。支那大陸から飛来したと思われる飛行機の接触を受けたが、新装の高角砲はよく彼を駆逐し、ぶじに通り抜けて呉軍港に帰って来た。新艦長の下の初出撃は、予定どおりぶじ息災にすんだ。

4　全艦隊が南方移動

大規模な護衛作戦にあたる

油は血液にひとしいなぞと言われた貴重なる油槽船の四隻を護って、「雪風」は二月上旬に門司に帰って来たが、こんどは、純戦術上の要請を充たすべく、中旬にサイパン島を往復した。

絶対国防圏と称しながら無防備に放置されていた内南洋の諸島（サイパン、グアム、テニアン、トラック、パラオ、マーシャル)を、急速に防備するのが焦眉《しょうび》の問題となった。海軍としては、まず何よりも早くテニアン島を本拠とする第一航空艦隊の充実を計らねばならない。具体的に言えば、戦闘機や爆弾や航空用ガソリンを、テニアン島やサイパン島に運ばなければならない。そのガソリンや航空機材のボーキサイトを運ぶ貴重船団を「雪風」はシンガポールから護送して来たが、今度はそれらの製品を第一線に護送する任務を帯びたのである。

当時、日本と内南洋をつなぐ海上は、アメリカの得意のウルフ・パッキング・タクチックの圏内に入っていた。いわゆる「狼群戦法」であって、航続力のある大型潜水艦の一群が、新発明のソナー(水中探信儀)を装備して、想定航路上に待機する戦法である。昭和十九年にはいると、この敵潜による日本船舶の犠牲は急激に増していった。有力なる軍艦が厳重に警戒しなければ、貴重なる輸送を行なうことはむずかしくなって来た。事の重大なるにかんがみ、空母「千歳」が輸送の母体となった。そうして、「雪風」が護衛に当たったのである(僚艦「初霜」とともに)。

三艦は、二月二十日に鹿児島湾を発って南に向かった。すると「雪風」のアンチ・レーダーは、南方に一大艦隊が行動中であることを探知した。果たせるかな、「千歳」の偵察機は東南方に敵の機動部隊の北進中であることを発見したので、ただちに転針してウルシーの基地に避難し、機を見てサイパン島にいたり(二月二十六日)、重要物資を陸揚げして三月四日に横須賀に帰って来た。「雪風」がいなかったら危なかったかも知れない。

米軍の対日反抗のテンポはいよいよ急である。マキン、タラワは束の間、一月にはマーシヤル群島に迫り、一方に南太平洋ではソロモン戦利あらず、ラバウルは孤立し、ニューギニアもまた半分を失うという戦況であった。内南洋——太平洋のわが生命線——の防備は、寸刻も猶予を許されぬ実情に追い込まれた。よって日本は、こんどは空母「瑞鳳」を使って戦略物資の急送を企画し、「雪風」はそれを護って三月二十九日に横須賀を出航した。伊勢湾において、同一使命を帯びた空母「龍鳳」と会同し(護衛駆逐艦「初霜」)、テニアンに航して、第一航空艦隊の戦力を増強するためであった。

四月二日、グアム島にちかづいたとき、敵の狼群の一艦をみとめ、「雪風」は百メートル競走の選手のようにこれを追って爆撃し、ぶじに任を果たして、四月八日に呉軍港に帰って来た。

護送は根が疲れてたまらン、なぞという贅沢《ぜいたく》はゆるされない。四月二十日、こんどは戦艦「大和」を護衛してマニラに航することを命じられた。三発や五発の魚雷では沈まない大戦艦の方が、むしろ気がらくだという士官室の雑談ではあったが、「雪風」一隻だけでこの国宝艦を護って行くのは大きい責任であったが、そのころすでに評判になってきた「雪風」の「護衛力」は、この責任を当然視するまでに評価されていた。「雪風」は、「大和」をさらにリンガ泊地まで護って五月四日に呉に帰って来たが、こんどは予想もできなかった大規模の護衛作戦に当たらねばならぬ運命となった。全艦隊の南方移動がそれであった。

開戦時三百万トンも貯わえてあった油は、作戦拡大のために早くも底をつき、日本内地では軍艦の訓練不可能となり、余儀なく南方の石油地帯に移動して訓練することになった。とくに竣工したばかりの新鋭空母「大鳳」と、その搭載機の訓練は焦眉の急であり、それを中心とする有力なる水上部隊の大群は、五月十五日、瀬戸内海に別れを告げて南方タウイタウイの海辺に旅立ったのである。日本内地を離れての訓練は幾多の不便不自由をともなうけれども、南方で十分の燃料を駆使して鍛練を積み、そうして一戦敵を破れば、凱歌の歓びもまた二倍であろう。

その感傷を乗せた艦隊の先頭に、「雪風」は無感傷で走っていた。その得意のアンチ・レーダーのほかに、二ヵ月前に正式レーダーを真っ先に装備した「雪風」は、すみやかに敵潜を発見してそれを叩き潰す使命を楽しみながら、意気揚々と南進をつづけるのであった。

5　無念！　推進器折る

油槽船団まもって呉へ

日本の主力艦隊は、五月十八日未明、台湾海峡を南に航しつつあった。二隻の好運駆逐艦「雪風」と「電」とが警戒陣の先頭を走っていた。

不幸にして、好運艦「電」は永くその好運を保つことができなかった。待機していた敵潜の魚雷が、一発は艦首に、二発目は中央部に命中して「電」を海底に沈めてしまった。間一髪、「雪風」は、おそらくは三十六ノットを越したとおもわれる猛スピードをもって敵潜の方向に突進し、たちまち六個の爆雷を投下した。その六個目の一発が敵潜の要部を爆破し、多量の油と気泡とが海面に浮かび上がるのを見た。

皆を決して形相ものすごかった艦長寺内正道の面に微笑がながれ、乗員たちの万歳の叫びが怒濤《どとう》を圧するがごとくであった。「電」は、寺内が「雪風」に移る前まで艦長をつとめていた艦だ。その愛着捨てがたい艦を眼の前で沈められ、憤《いか》り心頭に発した寺内が、必殺の爆雷を投じてみごとに仇を討った会心の一戦は、鬼の顔にも微笑の浮かぶのが当然であり、それはまた、「雪風」の好運の自乗ともいうべきものであった。この艦隊の中には、完成したばかりの空母「大鳳」以下航空戦力の全部が含まれており、警戒をいっそうにし、航路を変じつつ、下旬にタウイタウイの湾内に安着した。新鋭空母の訓練を、外地において行なわねばならないのは辛い限りであった。

空母「大鳳」は連日、タウイタウイ湾（北ボルネオに接するフィリピン群島最南端の島嶼）を外海に出て訓練をはげんだが、敵の潜水艦はこれを知って頻繁に出没し、訓練は日ごとに危険の度を加えていった。「雪風」は、「大鳳」の従者のように、つねに側について警戒に当たっていた。

やがて「雪風」にも不幸の日が訪れた。外海訓練を終わって夕刻、帰航するその湾の入口で、スクリューが珊瑚礁をこすってしまったのである。検すると、推進器の一片が折れて速力半減という大事を惹《ひ》き起こしていた。乾ドックを備えていない港湾では正式の修理はできない。戦局はせまっている。全員寝食を忘れて応急修理につとめ、一週間の後に、ようやく「二十五ノット」を走れるまでに回復した。

しかし、駆逐艦が二十五ノットでは正規の大海戦に参加するわけにはいかない。しかも、その速力さえ辛うじて出せるというのでは、さすがの「雪風」も片足跛行といわざるを得ない。不幸にも、そこへマリアナ海戦が発生したのだ。

マリアナ海戦は世界名フィリピン沖海戦、太平洋における日米最初の主力会戦である。日本は「大鳳」を旗艦とする機動部隊（空母六隻）を主力とし、「大和」「武蔵」以下の水上部隊を挙げてこれを支援し、内南洋に進出した米軍の主力を撃滅しようと北進した。「あ」号作戦がこれであって、艦隊がタウイタウイを出撃したのは六月十三日（十九年）であった。六月十九日、サイパン島の西方五百マイルの海上で、Z旗が「大鳳」の檣頭《しょうとう》にひるがえるという一戦だ。

これは日米初の洋上決戦である。この大海戦に参加できないくらいなら沈んだ方がいい、と寺内はジダンダ踏んで口惜しがったが、機動艦隊の決戦に跛行艦を連れて行くことができようか。

が、司令長官小沢治三郎は、「雪風」にも何か仕事をあたえてやれと言った。三週間にわたり連日「大鳳」を護衛した艦、そうしてまれに見る好運の艦、それを一隻だけ残して行くに忍びない。そこで「雪風」は油槽船団を護衛して、船団が油の洋上補給を終わったら、それを率いて呉軍港に帰れ、という命令を下した。特務艦「速吸」を旗艦とする玄洋丸以下六隻の給油船を護って、「雪風」も、おなじくマリアナ海戦の一環に座を占めた。スクリューの傷を忘れたように「雪風」は勇み立った。

そのころ、目立って戦果をあげつつあったアメリカの潜水艦は、小沢艦隊が比島のサン・

ベルナルディノ海峡を渡るところを発見し、さらに、「大和」「武蔵」の戦艦隊が「渾」作戦——ビアク島支援作戦——を打ち切って小沢艦隊に合流するところを視認し、これをハワイの本営に急報するとともに想定戦場へと急ぎ、その途中で前記の油槽船団を発見して襲いかかった。

「雪風」の働く場面が来た。が、わが給油船一隻を雷撃した敵潜は、巧みに姿を没して「雪風」の爆雷攻撃を回避してしまった。「雪風」は、航行不能に陥った給油船を処分して帰途についた。

マリアナ海戦は空中戦に終始して水上艦隊の戦闘は生起せず、したがって、参加した二十九隻の駆逐艦は戦わずして引き揚げることになった。とすれば、規模はとにかく、実際に戦ったのは「雪風」だけという結果になり(第十水雷戦隊の各艦は救助作業に働いたが)、その点では、参戦の甲斐《かい》があったという好運観も成立するのであった。

6 大艦隊のはだか出撃

空襲五たび、「武蔵」沈む

マリアナ海戦に敗れた連合艦隊は、六月下旬、その敗残の姿を瀬戸内海に集めた。大空母「大鳳」と「翔鶴」の姿はなく、制式空母「瑞鶴」一隻だけとなった(敵は十二隻以上)。

航空兵力を主力とする現代の眼からみれば、日米海戦の勝敗はすでに定まったごとくである。が、日本の海軍には不屈の魂があった。その上に大戦艦「大和」と「武蔵」が悠然と錨を下ろしていた。少し離れて「長門」「金剛」「榛名」「扶桑」「山城」（「伊勢」「日向」は航空戦艦に改造中）の戦艦群が並んでいた。「愛宕」級十隻の大型巡洋艦も健在である。

　弱体の空母は沈められたが、これらの強力水上部隊が健在であるかぎり、やすやすと米軍に負けてたまるものか。不安であったレーダーはぞくぞく送り込まれて全艦に装備中である。残るは油だけである。が、油だけはもはや内地ではどうにもならない。五月にも、油がなくて訓練ができず、思いきって艦隊の大部を比島南端のタウイタウイ湾に移動したが、今度はなおさらの油不足に躊躇のいとまもなく、連合艦隊の全部を挙げて、シンガポールの対岸リンガ泊地に移ることになった。

　一隻の空母「瑞鶴」、二隻の軽空母（「千歳」「千代田」）、三隻の改装空母（「瑞鳳」「隼鷹」「龍鳳」）は、機動艦隊再建のために残留し、水上部隊の全艦は、「大和」「武蔵」を筆頭として瀬戸内海にわかれを告げて行った。この大移動艦隊の最先陣を走ったのは「雪風」であった。「雪風」が警戒優秀のゆえに、二回目の感状を授与されたのはこのころであった。

　リンガ泊地には油は捨てるようにあった。かつて見なかったほどの猛訓練が、灼熱の下で日夜続行された。レーダーの操作、対空射撃、夜戦演習等々が、実戦を上回るほどの熱烈さをもって反覆され、それにしたがって戦闘の自信は、いやが上にも向上して行った。

　そこへ「レイテ湾殴り込み」の命令が飛んで来た。敵の機動部隊を撃滅することを今生の願いとして鋭意訓練を積んでいた二万の将兵は、愕然色を失った。未知の港湾に突入して輸

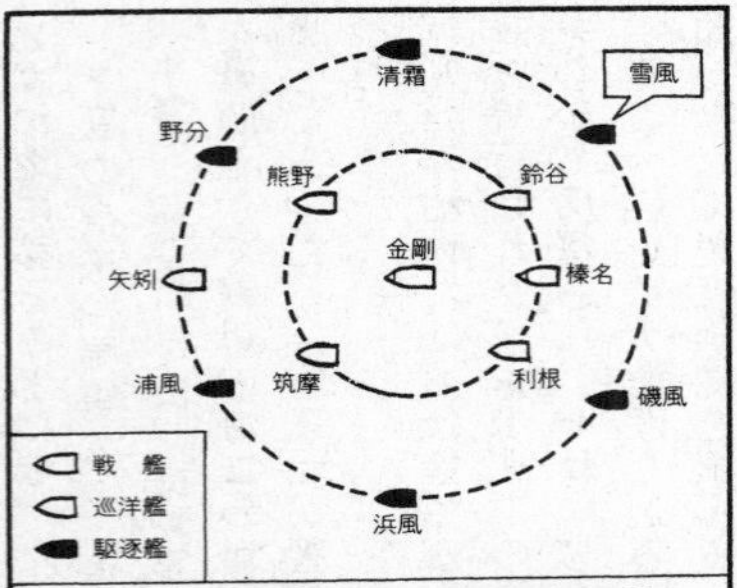

レイテへ進撃するわが第二群輪型陣

送船団と刺し違える戦略は、艦隊の将兵にとっては、次郎長・忠治の下流に立つものと嘆かれた。

戦略のことは、ここでは無用としよう。中将栗田健男を長官とする日本の水上部隊の全力、戦艦五、大巡十、軽巡二、駆逐十五からなる大艦隊は、十九年十月十八日、リンガ泊地を隠密裡に出港、二十日、ブルネー湾（ボルネオ島北部）に入泊し、二十二日、同湾を出撃して比島のレイテ湾に向かった（ほかに西村祥治中将の戦艦二、大巡一、駆逐四と、志摩清英中将の大巡二、軽巡一、駆逐四の二つの艦隊は別航路をとってレイテ湾に向かった）。「雪風」は第二輪型陣の殿艦《しんがりかん》となって（上図）シブヤン海を東に進んだ。その十五キロ前方に、旗艦「大和」を中心とする第一輪型陣が東進していた。

一機の航空兵力をも持たなかった栗田艦隊（事実上の連合艦隊）は、いわば裸の艦隊であった。十月二十四日、比島中央のシブヤン海に入ると間もなく、敵空軍の雷爆撃を喫すること前後五回におよび、大戦艦「武蔵」も、魚雷十五本、爆弾二十数個を受けて、ついに沈没の悲運を見るにいたった。

これよりさき「武蔵」が空襲第四波を受けて破損をかさねていたとき（午後二時五十分ごろ）、戦艦「長門」も、軽巡「矢矧」も数弾を喫して速力が二十ノットに落ち、余儀なく艦隊速力を十八ノットに下げざるを得なくなった。そのうえに、駆逐艦は「武蔵」と「高雄」の護衛に各二隻を割いたので残りは十一隻となり、いよいよシブヤン海の狭水道に差しかかるに際し、敵潜に対する警戒陣の手薄はおおうべくもなく、そうして陽はまだ高く、敵機の来襲はさらに二波、三波と反復されることうたがう余地がなかった。栗田は艦隊の犬死にを恐れ、三時五十五分、思い切って艦隊の反転引き返しを下命した。敵の空襲圏外に退避する当然の措置である。そのまま東進をつづけていたら、日没までの間に、艦隊の大半をいたずらに海底の藻屑と化していたことであろう。

上空の敵の観測機は、日本艦隊の退却をみとめて旗艦に報告し(四時二十分)、旗艦からの引き上げ命令に接して飛び去り、空からは爆音が消えて一時間を過ぎた。敵機は再来しない。時は到れり、と栗田は直感して再進撃の命令を一下した。

午後五時十四分、艦隊は軽巡「能代」を先頭に、駆逐艦「雪風」を殿艦としてふたたび東進を開始した。

7　艦長寺内の闘志

背を決して甲板上を駆ける

真っ暗闇の午後十一時半、二十二隻からなる艦隊は、サン・ベルナルディノ海峡に突入した。狭いところは二マイル弱で両岸に浅瀬もある水道を、鞭声《べんせい》粛々敵前を渡る芸当は、夜戦訓練幾十年の海軍によってはじめて可能であったろう。

「雪風」が最後にこの海峡を突破して太平洋に出たのは、二十五日午前一時三十五分であった。出ずればすなわち敵の待ち伏せに直面することを覚悟して、甲板上の将兵は得意の遠視力を動員凝視した。が、不可解千万にも、敵は片影も見せない。事実は完全に日本艦隊に裏をかかれて不用意の大失態を演じたのだが、日本は最大級の警戒を加えねばならなかった。すなわち夜間索敵陣形を編成し、十五キロの正面を張って南下した。「雪風」は陣列の最右翼前方に位置していた。西方にサマール島の山脈を遠眺し、電探と逆探の掌兵は、敵影をいまかいまかと探りつつ、全艦の神経は最高度に緊張していた。レイテ湾まで百マイルしかないところを進んでいたのだ。

しかるに、何ごともなしに夜が明けた。そこで午前五時、対空航行序列が令せられて「雪風」は最先端におどり出た。雲低く視界不良、ところどころにスコールあり、風速四メートル、海上一面に白浪が立って、警戒の必要切実を加え、何となしに、わが身が戦場にあることを痛感させる形情である。

すると六時四十五分、南東の水平線上に突如として四本のマストが現われ、同時に艦上から飛行機の飛び立つのが認められた。

まさに敵の機動部隊。これぞ日本帝国を挙げて仇を討とうと狙っていたハルゼー空母艦隊の一翼である。艦長寺内正道は言うにおよばず、「雪風」の将兵二百六十名の武者ぶるいが止まらなかったのは当然である。が、駆逐艦隊の魚雷攻撃は抑制され、第一戦は主砲によって戦われ、機を見て酸素魚雷を活用しようというのがわが軍の戦法であった。

海戦の概要は、前稿『連合艦隊の最後』に述べたとおりであるから省略するが、一つの新しい観点として、「雪風」がどう動いたかを一言しなければならない。

戦闘開始後一時間あまりは、駆逐艦が活躍する機会をあたえられずに過ぎたが、八時ごろになってようやく機会があたえられるや、「雪風」はまず二万メートルから長射程の発射を試み、ついで一万メートルにせまって襲撃した。護送空母ガンビア・ベイ号の撃沈は、戦艦「大和」と「金剛」の砲弾によったものだが、セント・ロー号の撃沈は魚雷の結果であることが明確であり、果たしてどの駆逐艦の射線が命中したのかどうか不明だが、その大水柱を見て「雪風」の艦上に万歳の叫びが捲き起こったのは当たり前のことであった。「雪風」の一隊（「磯風」「浜風」「浦風」）はさらに追撃を進め、敵空母の殿艦の六千メートルにせまったとき、突如戦闘中止の命令が下った。レイテ湾に行かねばならぬ栗田は、長追いを不可として全艦隊の集合を下令したのだ（九時十分）。

そのとき、「眼前に敵空母が見えてるではないかッ」と大声で叫びながら、皆を決して甲板上を艦首まで駆けて行ったのは艦長寺内中佐であった。寺内の闘志は、その後の戦闘でもつねに群を抜いて乗組員を畏敬させていたが、この「甲板を追いかけた姿」は、後から考えたら当然笑ってもいい格好であるが、だれ一人として今日までこれを笑い話に供する者はない。笑うとすれば本人だけで、他は彼の軍人魂を慕ってやまないだけである。

さて、艦隊は四方に分散戦闘中で集合に二時間を要し、午前十一時二十分、ようやく整形を完了して一路レイテ湾に向かった。あと四十マイルという地点で突如として突入計画を中止し、全艦二直角に転回して北方に去った世紀の事件については、いまなお世評区々《まちまち》であるが、寺内艦長は少しもそれを憤慨しなかった。「本隊はスルアン灯台の五度百三十マイルにある敵の機動部隊を求めて決戦す」という戦闘信号を、旗艦「大和」の檣頭《しょうとう》に仰いで、「雪風」の全員は万歳を叫んだ。

そのころ、すでに空襲は激しくなって来た。シブヤン海の二の舞いを演ずる危険を背負って、レイテ湾内の商船群と心中するよりは、迫りきたったハルゼー大将の空母部隊に立ち向かい、これと刺し違えて死ぬのが、日本海軍軍人の本懐であるという感覚が、猛勇寺内以下の全乗組員を支配したことを知るのである。

8　無傷は「雪風」ひとり

敗残の艦隊、本国帰航

レイテ湾殴り込み中止の是非は問う必要はない。スルアン灯台の北東百三十マイルに敵の主力機動部隊ありとの情報を手にし（その情報がどこから来たかいまだに不明）、それに向かって最後の決戦を挑もうとした海将の心理はわかる。

三日前にブルネー湾を出撃したときは三十二隻から成っていた艦隊が、いまや十五隻に減少し、いささか寂寥《せきりょう》の感を催させたが、決死の一戦を賭する将兵の戦意は炎のように燃えていた。

「雪風」は、今度は針路の最先端に位置した。敵機は二十分間隔ぐらいに来襲したが、シブヤン海当時の執拗《しつよう》さはなかった。どこから飛来するのかもとより見当はつかないが、おそらくは、ハルゼー艦隊の一群から威力偵察的に飛来するものと察せられた。

その朝、栗田艦隊が戦った相手は、スプラーグ少将の空母部隊（護送空母六、駆逐七）であったが、付近にはなお十隻の同型空母があったから、敵機はそれらの艦上から来たものかも知れない。

艦隊は敵を求めてすでに百キロ近く北進したが、ついにハルゼー艦隊を見ずに日没となった。サン・ベルナルディノ海峡は眼の前にある。そこからふたたびレイテ湾に死にに行くよりは、海峡を渡ってブルネーの基地に帰るのが人間の行く道だ。

かくてふたたびシブヤン海に入って西航中、今度は本格的の連続空襲を喫した。来襲機はB24を主力とし、爆弾は五百キロと千キロの大型であった。水雷戦隊の旗艦として健闘をつづけてきた「能代」もついに沈没し、戦艦「大和」は雷爆攻撃を集中されて浸水三千トン、それに復元注水を行なったのでじつに五千トンの水を呑んで走った。

艦隊はようやくシブヤン海を抜けたが、待機するであろう敵の潜水艦を回避するために新南群島の西を遠まわりし、南支那海を通ってブルネー湾へと急いだ。急いだといっても、艦隊速力は十六ノットに落ち、そうして各艦は爆弾の傷を負い、直撃を受けないまでもリベットが緩み、いずれも長く重油の尾を曳いて、激戦の疲れを目の当たりに見せていた。

十月二十八日午後九時三十分、ようやくブルネー湾に帰還したのは十四隻（戦艦四、大巡二、軽巡一、駆逐七）であり、全艦いずれも大小の傷を受けていないものはなかった。六日前に必勝の誓いをこめて出撃した艦隊――事実上の連合艦隊――は三十二隻であったが、いまやことごとく傷つける十四隻に痩せ細ってしまった。ひとり擦《かす》り傷ひとつ受けない不思議な一隻があった。駆逐艦「雪風」であった。

悲しむべし、ブルネー湾の基地も間もなく安住の港ではなくなった。敵の長距離爆撃機が定期的に襲来し、いつの日かは艦隊の全滅さえも杞憂《きゆう》ではない状態に追い込まれたからだ。大本営は意を決し、油のための南方移住を打ち切って全艦隊の本国帰航を発令した。十一月十九日夜、艦隊は故国を指して出航した。

第十六駆逐隊（司令谷井大佐）の四隻――「浦風」（旗艦）「雪風」「磯風」「浜風」――は残存駆逐隊中の強豪、それが戦艦「大和」と「金剛」の両側を護って十六ノットの速力で北上しつつあった。

十一月二十日の夜から暴風雨になった。二十一日午前二時五分、台湾の北方四十マイルの海上に待機中であった米国潜水艦シーライオン二世は、レーダーをもってわが艦隊を捉えた。彼はただちに接近し、午前二時五十六分、一千メートルの距離に迫って魚雷四射線を放った。一千メートルではほはずれることはない。二発は戦艦「金剛」に（基隆《キールン》港に向かって避退航行中をやられた）、他の二発は駆逐艦「浦風」に命中し、両艦は相ついで沈没した。激浪高い真夜中だったので、さすがの「雪風」も谷井司令を救う余裕はなかった。

そのすぐ隣りに「雪風」は並んで航行していたのだ。四本の魚雷は、わざわざ「雪風」を避けて突進したような形である。何という不思議な好運艦であろう。

9　超空母「信濃」危うし

痛恨！　司令欠く駆逐隊

敗戦の連合艦隊（公称第二艦隊）が瀬戸内海に帰って来たのは十一月二十五日の朝であった。かつて柱島の海上を埋めつくしていた大艦隊は、いまや戦艦三、巡洋三、駆逐六に激減して、寂しさは譬えようもなかった。

戦艦「長門」は、シブヤン海の帰途に、直撃弾四個、至近弾八個を受けて相当に傷ついており、大急ぎで修理を要したが、呉軍港のドックが満員であるために、ただちに横須賀に回航することになった。内海帰着の翌日であって、その護衛には「雪風」が、当然事のごとくにえらばれた。紀州沖も、遠州灘や、相模湾も、すでに米潜水艦の待機戦場になっていた。

二十一日に台湾沖で、戦艦「金剛」と駆逐艦「浦風」とをやられた心の傷はまだうずいていた。「雪風」は僚艦とともに、全機全心を動員して万全の警戒を果たし、二十七日にぶじに横須賀に着いた。

が、心を休めているいとまはない。翌二十八日には、さらに大きい護衛の大任が「雪風」を待っていた。超大空母「信濃」を、横須賀から瀬戸内海に護送する使命であった。

「信濃」は排水量七万トン、一九六〇年代の今日でもなお世界最大級の空母である。骨組は戦艦「大和」型であり、途中から空母に改造されたもので、したがって船体は戦艦並みに堅牢、そうして甲板には特殊の合成鋼を張って、五百キロ爆弾なぞは苦もなく弾き飛ばす性能を持っていた。

もし日米海軍最後の決戦が行なわれるとしたら、日本はこの「信濃」を旗艦として行なったこと言うまでもない。「信濃」を旗艦として各種空母六隻、「大和」以下の水上部隊約二十隻から成る艦隊は、昭和二十年を迎えてなお一大戦力として期待された。「信濃」は戦場の先端に進出し、その宏大強靭なる飛行甲板をひろげて、味方機の収容と再出撃とを指導する「洋上の基地」として活動する計画であった。

全海軍は「信濃」を待つこと急であった。そこで、完成後の気密試験や水密試験等を省略し、大いにあせって出航した。早朝に横須賀を離れて南下すれば、空襲の危険も予想されるが、夜間なら潜水艦だけであり、しかも魚雷の三本や四本は意とするに足らぬというので、十一月二十八日の午後六時に出港した。「雪風」「浜風」「磯風」の三駆逐艦が護衛した。「浜風」を先陣とし、「磯風」は左方に、「雪風」は右方千二百メートルの位置について南下した。

遠州灘にさしかかるころ、二十九日午前零時三十分、東南水平線の彼方にペリスコープらしきものを備えた黒影を発見した。他にも潜んでいるかも知れない。「雪風」は右舷側方面の三方に触角を伸ばして警戒を厳にした。同時に、その怪しい影は僚艦「浜風」が追撃確認に疾駆したものと信じた。「浜風」が一番近いからである。ところが、「浜風」と「磯風」の艦長は相談の結果、「雪風」に行ってもらうことに決め、その旨を「磯風」から通知することになった。

ところが、通信士の誤りか、電波の関係か、「雪風」は全然そのことを知らずに、自己の領分に全警戒力を傾けながら南下していた。

そこに、二十一日、「浦風」が台湾沖で沈められた損害の意外に重大であったことが明らかとなった。強勇第十六駆逐隊は、「浦風」を欠いて三隻に減った以上に、隊の司令（谷井大佐）を失ってしまった。そうして新司令を決める時間もない忙しさで、呉―横須賀―松山という護衛コースを走っていたわけだ。三隻の駆逐艦は、一つの戦隊を形成してはいたが、正式の司令を欠いておのおの独立していたにひとしかった。もし、谷井司令がいればもちろん、だれかが正式に代行していたら、その命令が「雪風」に伝えられ、「雪風」はただちに例の三十六ノットの快速力を駆って「怪しい影」を追及し、あるいは爆雷を投じたかも知れないし、とにかく「怪しい影」――敵の潜水艦アーチャーフィッシュ号――を遠く追い払っていたに相違ない。

当の空母「信濃」の艦上でも、見張員はすでにそれを発見して「雲か敵か」の大騒ぎとなり、多数が望遠鏡をのぞいた結果、雲と判断して南進をつづけたのであった。「信濃」の見張員も決して中等以下のものではなかったと思われるが、歴戦の三駆逐艦の見張員には眼力がおよばないのが当然であったろう。

かくて「信濃」はこれを見遁《みのが》し、三駆逐艦は怪しいと睨みながら追跡の指令を欠いて確認追撃を逸した。その間に、アーチャーフィッシュ号は、併行に南下して雷撃の機を狙ったのであった。

10 〝「信濃」沈没〟に茫然

空母再編の望み絶ゆ

巨艦「信濃」は、大きいジグザグ航法をとり二十ノットで南下していた。敵潜アーチャーフィッシュは、そのコースを先回りして待っていた。二十九日午前三時十二分、その目の前に巨艦が現われ、ちょうど右方に転針して胴腹を潜水艦の射線と直角に向けた。しかもその距離八百メートル。方位盤で狙う必要はない。イキナリ六射線を発射すると、その四発が一束となって「信濃」の右舷中央の水線下に命中した。

その爆音と水柱を見て、「雪風」は敵潜の方向に猛進し、爆雷八個を投じたが、今回は反響を聞かずに終わった。振り返って見ると、「信濃」は依然二十ノットの速力で進航しているので、強大艦はやはり三本や五本は平気なのだと信じながら、原位置にもどって南進をつづけた。

舷側水線下の大穴から、海水は滝を横にしたように奔入して来た。それでも、もし出航前に水密試験をすませており、そうして練達の水兵が衝に当たっていたら、平衡注水と排水とを併施して大阪港に着くくらいは容易であったろう。

不幸にして気密試験も水密試験も省略した上に、乗組員の六割までが（千四百名中の八百六十名）、軍艦に乗って海に出るのがはじめてだという素人の集団であったから、対策が当を得なかったことは当然である。にもかかわらず、夜が明けても、「信濃」の巨体は堂々として波を切り、将旗は翩翻《へんぽん》として中央司令塔上にひるがえっていた。「雪風」から眺めると幾分左舷に傾いたようだが、注排水に失敗がない限り、大阪入港は間違いないものと考えられた。

敵の潜水艦アーチャーフィッシュ号はどこへか行ってしまった。彼は、自分が日本海軍の至宝、大空母「信濃」に致命傷を負わせたとは想像もしていなかったのだ。艦長エンライト中佐の報告には、「二十九日午前三時、敵の空母らしきものに魚雷攻撃をくわう。六射線を放って四発の命中音を確認す。間もなく敵駆逐艦の襲撃を受け、十四個の爆雷が三百メートルの距離において爆発した。しばらくにして浮上すればもはや敵影なし。おそらくは沈没したるならん」という旨が述べてある。彼は何十分後に浮き上がったかは不明だが、そのときは「信濃」はモウ何マイルか南方を平気で走っていたわけだ。このような次第で、潜艦アーチャーフィッシュが、七万トンの新鋭大空母をその処女航海の途中で葬ったということは、戦争が終わった後にはじめて判明したもので、そのときは同潜水艦もすでに海没し、艦長エンライト君も戦死していたので、大きい戦功に対して勲章をもらうこともなしに終わってしまった。

「信濃」に致命傷を負わせたことは、日本の空母戦力に終止符を打った大戦功である。それを知らずに死んでしまった艦長も、闇から闇へと消え去った超大空母とその悲哀を分かち合うであろう。

さて八時ごろになると、「信濃」の傾斜はだんだんとひどくなっていったが、艦は海岸方向に浅瀬を求めるようすはさらになく、熊野灘の沖合い遠くを依然二十ノットで走りつづけていた。当時の「雪風」艦長寺内正道氏は、危険感に襲われて、思わず艦を「信濃」寄りに近づけたことを回顧する。午前十時、艦はいよいよ傾斜を増し、十時五十五分、船体五十度に傾いて、総員退艦、間もなく横転沈没した。潮岬の沖合い百マイルの地点であった。

「雪風」は海上に泳ぐ乗組員の救助に全力をかたむけ、水泳を知らない者以外は、三駆逐艦でほとんど拾い上げた。「雪風」ら三艦は、「信濃」が予定していた大阪で泊まる必要はない。また濡れ鼠の水兵たちを商都に下ろして、大艦の沈没を市民に知らせる手もない。

行き先は、自分の所属軍港呉である。「雪風」のすべてのスペースは人で埋まった。甲板で慄《ふる》えている兵には毛布をかぶせ、スピードを速めて翌早朝、呉軍港に入った。

最後の航空戦隊を形成するために、首を長くして「信濃」を待っていた空母「葛城」「天城」「雲龍」の各艦は、親分の急死を聞いて茫然自失、もはや「機動部隊」を再編する戦意も喪失した格好であった。

が、「雪風」は退き下がるわけにはいかない。形勢非に赴くとき、彼女はいよいよ激しく戦わねばならぬであろう。護送に、防空に、そうして出陣に。

11　敵機、「雪風」を敬遠

「大和」を守り鬼神の働き

連合艦隊の最後の日がついに来た。昭和二十年三月二十六日、敵は沖縄に来攻して太平洋戦争は最終の段階に入った。陸軍は本土決戦を叫んで百万の兵を動員したが、海軍は、油が尽きて軍艦が動かなくなっていた。驚くなかれ
かりに動けたとしても、動かし得る軍艦は、ウソのような少数に減っていた。
主力部隊の総数はわずかに十隻に過ぎなかった。すなわち左のごとし。

戦艦一隻――「大和」

巡洋艦一隻――「矢矧」

駆逐艦八隻――「雪風」「磯風」「浜風」「冬月」「涼月」「霞」「初霜」「朝霜」

（注）他に少数の軍艦はあったが、いずれも戦隊の単位を構成するに不足であった。

太平洋戦争の最後の危機にのぞみ、この十隻の軍艦をどう使うか。油がきれて饑死《きし》するよりは、沖縄に突っ込んで斬り死にする方が勇ましいであろう。斬り死には反対論も強かったが、結局勇ましい方に帰着した。人の命は大して問題にはされなかった。とにかく「特攻」の時代である。

「第二艦隊は四月八日払暁、沖縄島嘉手納《かでな》沖の敵泊地に突入すべし。燃料は片道分とす。特攻作戦と承知ありたし」

というのが長官命令の全文であった。斬り込みをかけて自沈するか、沿岸に擱坐して砲台代わりとなるかは、一に状況による。いずれにしても結論は死だ。

作戦名を「天号作戦」と呼んだ。特攻を建前とする「菊水作戦」の一部である。湊川へ往く菊水の旗は、死の表現以外のものではなかった。

「大和」を中心とするわが主力艦隊は出陣をB29に偵知され、夜半から潜水艦に探知され、沖縄出動を秘匿する術はなかった。かりに一路西方に走り、支那の沿岸を南下する航路は、空襲を回避する安全路であったが、それでは陸軍の総攻撃予定日（四月八日）に間に合わない。また、安全路といっても比較的の話で、万全とは言いがたい。よって遅疑するところなく、堂々と全速力で沖縄へと直行することになった。

四月七日午後零時三十分、敵機の一群が南方の上空二万メートルの雲間に現われたと見る間に、百機を単位とする大群が、わが輪型陣の上空を取り囲んだ。

対空レーダーを備えていた「雪風」は、三十分も前に、敵機の大勢力が北上中であることを知って戦備を整えつつ南進した。速力は五十キロの速さであった。空と海との激闘は二時間にわたり、「大和」は爆弾三十余個、魚雷十五発以上を受けてついに沈んだ。

水雷戦隊旗艦「矢矧」（艦長原為一大佐）も沈み、また、三年半も同僚として奮戦をともにして来た駆逐艦「浜風」も「磯風」もやられてしまった。ひとり「雪風」のみが「大和」の側方一千五百メートルの付近にあって鬼神を欺く奮闘をつづけた。

「雪風」の周辺には、何十個の爆弾が落ちたか数えきれなかった。火薬に染まった黒い水柱が「雪風」の上に滝のように注がれ、司令塔上の天蓋から首を出して戦っていた寺内艦長の顔は、真っ黒に濡れて眼だけが爛々と光っていた。彼は、真下の航海長の肩に両足をおき、足を踏んで操舵を命じつつ爆弾を除け通した。騒音で声が断たれるからだ。そうして襲い来る敵機（機銃掃射のため）に対しては、二十四門の対空砲を消防ポンプのように注いで撃墜に邁進した。アメリカの飛行士は、当方が弱るとそれにつけ込んで猛撃するが、断乎《だんこ》として戦う強者は敬遠するのをつねとした。敵機はいずれも「雪風」を敬遠した。

寺内は鉢巻をしめ、天蓋から首を出して敵機を睨み、爆弾を回避して戦いながら、傍らの斎藤水雷長をかえりみ、「お前は沖縄へ行ってから働かねばならんのだ。いま戦死されては困る。弾丸の来ない方によけておれ」と、場所を指示するほどの余裕を持っていた。

午後二時五十九分、大戦艦「大和」は四十五度ちかく傾いて、転覆はもはや寸秒の間とおもわれるのに、その沈下した艦首方面から高角砲の火線は織るがごとく天に向かって奔り、一機たりとも多くの仇敵を射止めようとする勇敢なる戦士の奮闘は、僚艦の将兵に無限の感激をあたえた。

が、運命ついに到り、爆発の大音響とともに、噴煙は「大和」の艦橋の五倍の高さに天を染めて巨艦は没した。時に四月七日午後三時、坊ノ岬の南方九十マイルの地点に、世界最大の戦艦は姿を消したのであった。

12　糧食庫から不発弾

好運の極み、残るは「雪風」のみ

「大和」は沈んだが、「雪風」は、南進の姿勢を変えなかった。沖縄へ突っ込もうというのだ。出陣の前夜、「大和」艦上で全艦長の打ち合わせを行なったとき、「途中で何隻かは沈められるだろうが、残った艦は、構わずに嘉手納泊地に突入すること」を固く申し合わせていたからだ。

護衛艦は、護衛される本艦が沈んだ場合には、その乗員を救うのが通則だが、そのときの寺内の命令がふるっていた。「負傷者を棄てて、達者そうな者だけをひろえ。沖縄で役に立つものだけを助けるのだ」と宣した。彼は「雪風」一隻だけでも突っ込もうという面魂であった。

そこで駆逐隊司令吉田大佐（「冬月」坐乗）をうながし、残れる駆逐艦四隻をもって「天号作戦」を遂行することを求めた。ところがそのとき、連合艦隊司令部（日吉台にあり）から戦場を整理して帰還せよという命令が到達した。こうなると話は別だ。海上に泳ぐ者を全力を挙げて無差別にひろい上げにかかった。すでにして午後零時四十八分、「雪風」は、敵の第一次空襲に致命傷を蒙った僚艦「浜風」を処分してその乗員を収容していたので、艦内はかなり混雑を呈していたが、寺内は、「甲板に隙間なく並べろ」と号令して救命に突進した。「雪風」が何百人を救い上げたかは記録がないが、甲板は、砂糖の上に蟻がたかったように真っ黒になった。とにかく復原力の限度まで人を積んで、「雪風」は翌朝佐世保軍港に帰った。

その翌日、奇妙な形の艦がしずしずと軍港に入って来た。僚艦「涼月」が、艦の半分を剝ぎとられ、後ろ向きの航海をつづけて無事に帰って来た姿であった。艦長中佐平山敏夫を擁して、寺内は、「お前も運の強い奴ちゃ」と大声で笑い迎えた。

大笑した一つの理由は、佐世保へ着いて調べたら、不発のロケット爆弾が、「雪風」の糧食庫のなかから現われ、乗組員一同が、自艦の無類の好運を腹の底から祝い合った直後だからであった。この爆弾の信管が普通であったならば、「雪風」は艦底を爆破されて沈没していたに相違ないのだが、天は不発の盲弾を「雪風」に贈り、しかも、抵抗最低の糧食庫のなかにおさめたとは好運もまたきわまるといわねばならない。

かくて、「雪風」は無疵で呉の本拠地に帰った。寺内正道も、二十一貫ぐらいに痩せて、艦長は少佐古要桂次に代わった。若い古要は颯爽として着任したが（二十年五月）、もはや水上に出陣する道はなく、敵は上空のB29と、機動部隊の艦上機だけであった。

これでは撃たれっ放しで、愚これに如くものはないが、油がなくて回避運動もできず、巡洋艦以上の少数艦は、艦上をカムフラージュして島影に投錨していた。「雪風」は幾分でも爆撃の少ないところを狙って、駆逐艦「初霜」とともに山陰道の宮津湾に避難した。が、敵機は容赦せず、「雪風」はここで何十回も空襲と戦うことを余儀なくされた。

やがて敵の艦上機は連日、午前八時と午後四時とに、定期便となって来襲した。狭い宮津湾の中を「雪風」は回避しながら戦った。その間約二十名の乗員が負傷入院したが、一人も死亡者を出すことなく、また「雪風」自体は、破片を受けたぐらいで、運動には何らの支障もなしに夏を迎えた。

終戦の風が吹きまくっていた。その頃、「雪風」は、舞鶴への航海中に機械水雷に触れたことがある。が、なんという好運か、その機雷はいわゆる「回数機雷」と称せられ、最初の接触では爆発せず、何回かの接触の後に轟発するもので、敵が安心して航海する道に敷設して虚をねらう魔物だ。こんなことは、「雪風」は初回を踏んで平気ですんだ。僚艦「初霜」はその後に触れて轟沈の厄に会った。こんなことは、「運」として説明するほかに解説の途はなかろう。

かえりみるに、第十六駆逐隊の堅艦としてのこった四艦のうち、「浦風」は、十九年十一月に台湾沖で沈み、「浜風」と「磯風」とは、二十年四月の天号作戦で沈んだので、「雪風」一隻だけがのこり、五月に入って相共に日本海に移動したその「初霜」も触雷沈没し、八月には完全に孤独の一艦となった。

乗組員の結束と親睦とは、何者をもってしても侵すことのできない理想境に到達した。参戦以来、ソロモン戦で墨水兵長、十九年十一月、ブルネー湾敵襲で一兵曹の二人を失っただけで、二百六十余名が一族相励ましつつ戦い通して、八月十五日を迎えたのであった。

13　最優秀艦に選ばる

「雪風」が飾る最後の名

戦い終わって解放された。が、「雪風」は解放されなかったばかりでなく、戦後処理のためにますます多忙をきわめる身となった。復員輸送がそれであった。

大砲や発射管等の武器が全部取り払われて、そこに旅客用の船室が急造され、颯爽たりし勇士の姿は旅人の形に変わった。が、いかなる激浪にもたえる凌波性と、六十五キロを走る高速力と、乗組員の人間性とは、この平和事業に当たってもまた最優秀の成績を挙げるであろう。

水兵さんたちが、一日も早く故郷の父母の許に帰ろうと願ったのは当然であった。「雪風」の乗員もかならずしも例外ではなかったろうし、また、乗組員は従来の三分の一以下で足りるのだから、多数は「雪風」に涙の別れを告げて去って行った。ただ、そこへ残された水兵たちが、何の不平も言わずに欣然として義務に赴いたことは、古要艦長らの忘れ得ない感激であった。やはり、初代飛田艦長以来の薫陶が源であったに相違ない。

船室の新設やその他の改装ができ上がったのは、二十年十一月の末であり、艦長も古要桂次から佐藤精七少佐に代わった。そうして二十一年二月から復員輸送が開始された。まず第一にラバウルに航し、一千百人を積んで浦賀に帰って来た。その後も同様の輸送を繰り返したが、運ばれて来た人々は、深く「雪風」乗員の親切に感謝の意を表しない者はなかった。ラバウルへは二回往復して、それからサイゴンおよびバンコックの輸送に転じ、沖縄へ四往復、汕頭に一回、コロ島に五往復をやって二十二年の正月を迎えた。

艦長は一年交代で、佐藤のつぎには少佐高田敏夫が任命された。他の将校は水雷長も砲術長も無用で航海長だけが、パーサーを兼ねて勤務した。海軍に身を委ねた若い戦士として、パーサー業務は苦手であったが、中尉遠矢貫夫、その後継中尉中島典次は、真面目に勤め上げて、「雪風」のサービスを満点にした。

すべてに満点であった証明がここにある。二十二年五月、「雪風」が最優秀艦（Best ship）として占領国から表彰された一事がそれだ。すなわち、「雪風」は芝浦埠頭にまねかれ、一週間にわたって、各国武官の観覧に供され、残存大小百六十余隻の日本艦船中の代表的優良艦と公認されて面目をほどこしたのであった。翌月、各艦船の処分が横須賀で行なわれた。日本には、海上保安庁用として、特務艦一隻（「宗谷」）、海防艦五隻、小型駆逐艦三十五隻、木造哨戒艇（五十トン級）若干があたえられ、残った百三十四隻は、抽《くじ》籤《びき》で連合国の間に分割された。内容は上表のとおりであった。

国名	駆逐	海防	小艇	計
米国	六	一六	一一	三三
英国	七	一六	一〇	三三
ソ連	八	一六	一〇	三四
中国	七	一七	一〇	三四

分配は数字の上では公平であった。が、内容は、前月にベスト・シップとして表彰された「雪風」を手にした国が、最高所得者になったことは言うまでもなかった。

消息通の話によれば、はじめ抽籤で「雪風」を引き当てた国はアメリカであったが、同国の管理委員は、ほとんど海軍を持っていなかった中国の実情を考え、あえてそれを中国に譲ったものであるという。真偽はしばらく措き、「雪風」が戦利品として同じく他国に引き渡されるならば、駆逐艦をたくさん所有している米英ソに行くよりは、中国に行く方が、「雪風」のためには幸せであったこともちろんである。他国へ行って、十把ひとからげに編入されるよりは、新興海軍の「旗艦」になるのが、彼女の輝かしい運命に合致するからである。

昭和二十二年七月六日、「雪風」は、上海《シャンハイ》で行なわれる引き渡し式に列すべく、長浦港を離れた。艦長には中佐東《ひがし》日出夫が最後の指揮官として感激深く艦橋に立っていた。ふたたび帰ることのない祖国に永の別れを告げるべく、将兵は登舷礼をもって静かに辞して行った。

少数の旧鎮守府部員は、俯目《ふしめ》がちに、「雪風」の姿が岬の外に消えるまで見送った。そこには万歳の声はもちろん、人々の間に一語の囁《ささや》きもなかった。日本の最好運艦、最優秀艦は、二度と日本の港には帰って来ないのである。

航海長中島典次は、水兵たちを集めて復員輸送における犠牲的奉公を謝し（彼らは二ヵ年近くわが身の戦後生活をかえりみずに働いた）、そうして最後に、「引き渡しは、大石良雄が赤穂城を引き渡したときの態度をもって行ないたい」と結んだ。

昭和二十二年七月六日、引き渡し式が上海の埠頭で行なわれた。艦内はくまなく整頓されて塵一点を止めず、そこに小さい赤穂城が浮かんでいた。検査に来艦した米英の海軍将校が感激して言った――「自分たちは、こんなに整頓された軍艦をかつて見たことがない」と。

「雪風」は最後の日まで日本の名を守った。

単行本　昭和五十五年十二月　光人社刊

解説——海軍記者 伊藤正徳

呉市海事歴史科学館（大和ミュージアム）館長　戸高一成

伊藤正徳の名は、大正時代から海軍に関する専門記者として著名であった。伊藤正徳が海軍省詰めとして記者人生を過ごしたのは、大正三年から僅か三年に過ぎなかったが、その後も伊藤正徳は海軍に関わる事が多く、太平洋戦争で日本海軍が消え去るまで海軍と深い関係を持っていた。その伊藤正徳にとって日本海軍の壊滅的な敗北と戦後は、「悔しさ百倍」であったと回想している。

そんな伊藤正徳であったが、戦後十年を数えた昭和三十年八月、終戦の日の前後に時事新報に数回の海戦記を執筆した。驚くことに、この海戦記に対する読者の反応は、伊藤正徳の言葉を借りれば、「私の四十年の記者経験中で最大のものを感じ、」と言うほど驚くべきものがあった。なぜこれほどの反響が有ったのか。

それは、多くの国民が悲惨な敗戦を招いた政府指導者、そして無謀な戦いを行なった陸海軍を強く否定する反面、戦時中は大本営発表以外の情報が無かった国民にとっては、戦争の実態に関しては殆ど知らないという現実が背景にあったのである。

伊藤正徳は、ここで自分がなすべきことに気が付いたのである。

伊藤正徳は「連合艦隊はお葬式を出していない。一個人の死が新聞の記事になり、本願寺や青山斎場の行列を見ることを思えば、四百十隻が沈み、二万六千機が墜ち、四十万九千人が斃れた連合艦隊の死を、お葬式なしに忘れ去るというのは余りにも健忘であり且つ不公平であろう。私は海軍のフレンドとして、その国防史の一つのブランクを埋める役目を買って出たようなものだ」。

として、まず太平洋戦争の海戦概史を時事新報産経時事に連載し、これを纏めた『連合艦隊の最後』を発表。次いで日清戦争から太平洋戦争までの歴史を『大海軍を想う』として纏め、最後に、太平洋戦争におけるハイライトとも言うべき海戦と、その中で戦った男たちの勇姿を描いた『連合艦隊の栄光』を執筆した。伊藤正徳はこうして日本海軍に対する思いを果たし、日本海軍の葬式における弔辞を書き上げたのである。

太平洋戦争後、社会から陸海軍が言わば忌避されていた時代に、伊藤正徳は自分を海軍のフレンドである、と明言していた。伊藤正徳が、ここまで深く関わった背景を、簡単に記しておきたい。

伊藤正徳は明治二十二年水戸で生まれ、慶應義塾理財科卒業後に新聞の経済部記者を希望して、時事新報社に入った。大正二年の事である。一年ほどたった大正三年九月、伊藤正徳は突然に政治部で海軍関係記事の担当を命ぜられた。伊藤正徳にとっては、はなはだ不満で、内心失望を感じつつ渋々海軍省の玄関に立ったのが、海軍記者のスタートだったのである。

しかし、記者として命ぜられた以上、仕事は真剣にやらねばと、あらゆる海軍関係図書を買い集めて勉強したという。本で分からない問題は、海軍省先任副官の大角峯生大佐、軍令部員の日高謹爾中佐などが先生となり、時として夜遅くまで教えを乞うたと言う。

こんな時、伊藤正徳が大角大佐に執筆を勧められて纏めたのが、処女作となる『潜水艇と潜水艦』(大正六年)で、これが予想外の好評だったことから、伊藤正徳は海軍ジャーナリストの道を目指すようになった。これがきっかけで、伊藤正徳はロンドン特派員を命ぜられるのだが、第一次世界大戦の真っ最中で、ドイツのUボートが大西洋で活躍し、ロンドンはドイツの空襲を受けている状況で、無事にロンドンに着けるかどうかさえ危惧されたが、伊藤正徳は、「虎穴に入らずんば」「書くか死ぬか二つに一つ」と決意を固めて、新婚早々の身でロンドンに向かったのである。

大正八年十月に東京駅を発つときは、社友から「潜水艇の著者が潜水艦にやられたら本望と思え」という「慰めの」言葉を掛けられた。こうしてアメリカ経由で決死の大西洋横断を果たした伊藤正徳は、完全に海軍と一体となったことを感じたという。

その後約二年のロンドン駐在から帰った伊藤正徳を待っていたのは「八八艦隊案」の成立の知らせだった。伊藤正徳は従来から海軍国防中心の考えで、この建艦計画は、我が意を得たり、と感じていたが、間もなく財政問題で不安をもつことになった。第一次世界大戦の前後で、ド級戦艦の建造費が、三千万円から六千万円へ、倍増していたのである。

この財政問題を重く見た時事新報は、会議を開き、従来の海軍拡張支持論から海軍縮小論へと舵を切ることになった。伊藤正徳は、海軍と縁を切ることになっても海軍縮小論を主張するという考えになっていた。

こうした中で開催されたワシントン海軍軍縮条約で妥結した主力艦比率、英米日五・五・三について、伊藤正徳の論は八八艦隊案よりは大きく軍縮するが、結果としてこれでは不足で、対英米七割を要求すべきと言うものであった。伊藤正徳はこれらの意見を昭和四年に『軍縮?』として発行、ベストセラーとなった。結果として海軍が意図していた方針と合致したために、海軍としては民間の同意を得た形となり、ロンドン条約での総括七割主張の支持と受け取られることになった。このために、海軍と縁を切っても、と思っていた伊藤正徳は、改めて海軍との関係を深めることになったのである。

伊藤正徳は、その後も海軍省記者クラブである黒潮会に所属、もっぱら海軍記事を担当したが、昭和八年に取締役を最後として時事新報社を退社した。その後は、海軍のブレーン的な活動をしたが、多くは海軍関係の図書や雑誌記事の執筆で過ごした。

太平洋戦争は伊藤正徳にとって難しい時期であったと思われる。開戦後から終戦まで、伊藤正徳は歴史的な著作のみを発表し、従来多く書いていた国防、軍備や国際情勢に関わる著作は書かなかった。

昭和二十年八月、終戦を迎えた伊藤正徳は戦後のジャーナリズムの再建、育成のために力を尽くし、日本新聞協会初代理事長ともなった。

このような仕事がやや落ち着いて来た昭和三十年に、初めに書いたように、太平洋戦争の概要を新聞連載することになったのである。

この連載が文藝春秋社より刊行されることになり、長期にわたる生存者などへの取材のアシスタントを命ぜられたのが、文藝春秋社入社後間もない半藤一利であった。半藤一利は伊藤正徳の指示で海軍の長老から水兵にいたるまで取材をして歩いた。伊藤正徳には驚くほどの人脈があり、半藤一利には取材先の人物について丁寧に取材のための要点を伝えたという。半藤一利はこの仕事で数多くの陸海軍の軍人の取材を行なうことによって、太平洋戦争の実態に触れ、深い興味を持ったという。

これらの経験が、後に半藤一利に多くの太平洋戦争に関わる著作を書かせる元となったのである。

半藤一利には、筆者は四十年ほどご指導を頂いたが、伊藤正徳について話が出た時、「伊藤さんの指示でいろいろな人に会って、一生懸命話を聞いてメモして、伊藤さんに届けるとね、うんうんって言うけど、もうほとんど全部知っているんだよ。まあ、確認に行っていたようなところもあったな」と言うような話だった。伊藤正徳のベテランぶりが窺えるようなエピソードと言える。

話は戻るが、昭和三十七年六月、本書『連合艦隊の栄光』が出版された。しかし、伊藤正徳は四月二十一日にこの世を去り、完成した本を見ることは無かった。七十三歳であった。

言わば、本書こそ、四十年海軍記者として日本海軍を愛し、自らを海軍のフレンドと言った伊藤正徳の、日本海軍と自分自身に対する最後の花向けの書となったのである。

ＮＦ文庫

連合艦隊の栄光　新装解説版

二〇二三年四月二十二日　第一刷発行

著　者　伊藤正徳

発行者　皆川豪志

発行所　株式会社　潮書房光人新社
〒100-8077　東京都千代田区大手町一-七-二
電話／〇三-六二八一-九八九一(代)
印刷・製本　凸版印刷株式会社
定価はカバーに表示してあります
乱丁・落丁のものはお取りかえ致します。本文は中性紙を使用
ISBN978-4-7698-3307-9　C0195
http://www.kojinsha.co.jp

NF文庫

刊行のことば

第二次世界大戦の戦火が熄《や》んで五〇年——その間、小社は夥しい数の戦争の記録を渉猟し、発掘し、常に公正なる立場を貫いて書誌とし、大方の絶讃を博して今日に及ぶが、その源は、散華された世代への熱き思い入れであり、同時に、その記録を誌して平和の礎とし、後世に伝えんとするにある。

小社の出版物は、戦記、伝記、文学、エッセイ、写真集、その他、すでに一、〇〇〇点を越え、加えて戦後五〇年になんなんとするを契機として、「光人社NF（ノンフィクション）文庫」を創刊して、読者諸賢の熱烈要望におこたえする次第である。人生のバイブルとして、心弱きときの活性の糧《かて》として、散華の世代からの感動の肉声に、あなたもぜひ、耳を傾けて下さい。